Ali Levent Coşkun

Kükürtleme-Metod-Depolama Sıcaklıkları- Kuru Kayısı Kalitesi İlişkisi

Ali Levent Coşkun

Kükürtleme-Metod-Depolama Sıcaklıkları- Kuru Kayısı Kalitesi İlişkisi

Kükürtleme; Depolama Sıcaklığı; Kalite Değişimi.Kimyasal ve Fiziksel Analizler

Türkiye Alim Kitapları

Impressum / Yayınevi adı
Bibliografische Information der Deutschen Nationalbibliothek: Die Deutsche Nationalbibliothek verzeichnet diese Publikation in der Deutschen Nationalbibliografie; detaillierte bibliografische Daten sind im Internet über http://dnb.d-nb.de abrufbar.

Deutsche Nationalbibliothek tarafından yayınlanan bibliyografik bilgiler: Deutsche Nationalbibliothek, bu yayını Deutsche Nationalbibliografie'de listeler; detaylı bibliyografik bilgi İnternet'te http://dnb.d-nb.de sitesinde mevcuttur.

Coverbild / Kitap kapağı resmi: www.ingimage.com

Verlag / Yayıncı:
Türkiye Alim Kitapları
ist ein Imprint der / yayınevinin bir ticari markasıdır
OmniScriptum GmbH & Co. KG
Heinrich-Böcking-Str. 6-8, 66121 Saarbrücken, Deutschland / Almanya
Email / E-posta: info@turkiye-alim-kitaplary.com

Herstellung: siehe letzte Seite /
Basım yeri: son sayfaya bakın
ISBN: 978-3-639-67198-8

Zugl. / Approved by: Ankara, Ankara Üniversitesi, 2010

ÖZET

KÜKÜRTLEME İŞLEMİNİN ve DEPOLAMA SICAKLIKLARININ KURU KAYISI KALİTESİ ÜZERİNE ETKİSİ

Ali Levent COŞKUN

Ülkemizde üretilen kuru kayısılar, genelde aşırı miktarda kükürt dioksit (SO_2) içermekte ve bu kayısıların ihracatında büyük sorunlar yaşanmaktadır. Bilindiği gibi; kuru kayısı ihraç ettiğimiz Almanya, İngiltere, A.B.D., Kanada gibi ülkelerde 2000–3000 mg kg^{-1} SO_2 düzeyine izin verilirken, birçok Avrupa ülkesinde en çok 1000 mg kg^{-1} hatta 300 mg kg^{-1} SO_2 düzeyine izin verilmektedir. Bu nedenle, kayısılardan kükürdün ikinci bir işlemle sonradan azaltılması yoluna gidilmekte, bu da hem maliyetleri artırmakta hem de kalite ile ilgili önemli problemlere neden olmaktadır. Belirtilen bu olumsuzlukları gidermek amacıyla, ticari kuru kayısı üretiminin %70'ini oluşturan Hacıhaliloğlu ve %20'sini oluşturan Kabaaşı çeşitleri, yaklaşık 2000 mg kg^{-1} konsantrasyonunda kükürtlenerek kurutulduktan sonra farklı sıcaklıklarda (5°C, 20°C ve 30°C) depolanmıştır. Kayısılar; 1) elementer kükürt yakma, 2) tüpte sıvılaştırılmış SO_2 gazı ile kükürtleme ve 3) sodyum metabisülfit çözeltisine daldırma yöntemi olmak üzere, 3 farklı yöntemle kükürtlenmiştir. Depolama süresince, periyodik olarak alınan örneklerin; SO_2 düzeyi, renk (esmerleşme, β-karoten ve yüzey rengi) ve hidroksimetilfurfural (HMF) içeriğinde meydana gelen değişimler, çeşitli kimyasal ve fiziksel analizlerle belirlenmiştir. Kuru kayısıların β-karoten ve HMF içerikleri HPLC yöntemi ile saptanmıştır. Ayrıca; kuru kayısıların nem, su aktivitesi, pH ve titrasyon asitliği değerleri de depolama süresince belirlenmiştir.

Kinetik verilerin analizi, depolama süresince SO_2 kaybı ve enzimatik olmayan esmerleşme reaksiyonunun birinci dereceden kinetik modele uygun olarak geliştiğini göstermiştir. Depolama sıcaklığı arttıkça, kuru kayısıların SO_2 kaybı ve esmer renk oluşum hızı da artmıştır. 20°C'de 12 ay boyunca depolanan örneklerin renkleri, kabul edilebilir sınırlar içinde kalmıştır. 30°C'de depolanan örneklerin renkleri ise, depolamanın ikinci ayından itibaren kabul edilemez sınırlara ulaşmıştır. Kükürtleme yöntemleri kıyaslandığında ise; en yüksek SO_2 kaybı, sodyum metabisülfit çözeltisine daldırılan kuru kayısı örneklerinde belirlenmiştir. Ayrıca, Kabaaşı çeşidi kayısıların homojen bir şekilde esmerleşmediği de gözlemlenmiştir.

Elde edilen bu sonuçlara göre; kuru kayısılar SO_2 gazı (tercihen tüpte sıvılaştırılmış SO_2 gazı) ile kükürtlenmelidir. Ticari kuru kayısı üretimi için her iki çeşit de seçilebilir. Ayrıca, karakteristik altın sarısı renklerini koruyabilmek için; kuru kayısılar, 20°C'nin altında depolanmalıdır.

Anahtar Kelimeler: Kuru kayısı, depolama stabilitesi, kükürt dioksit, enzimatik olmayan esmerleşme, yüzey rengi, β-karoten, HMF

ABSTRACT

EFFECTS of SULFITTING PROCESS and STORAGE TEMPERATURES on the QUALITY of DRIED APRICOTS

Ali Levent COŞKUN

Dried apricots produced in Turkey generally contain high amounts of sulfur dioxide (SO_2); therefore, serious problems have been faced during the exportation of oversulfitted dried apricots. While the major importers of dried apricots from Turkey, such as Germany, England, U.S.A. and Canada, allow SO_2 levels between 2000–3000 mg kg^{-1}, the other important importers, such as northern European countries, allow 1000 mg kg^{-1} or even 300 mg kg^{-1} SO_2 in dried apricots. For this reason, it becomes necessary to decrease the final SO_2 level. However, the desulfitting process not only increases the production cost but also, decreases the quality of dried apricots. To prevent these problems, the apricots (var. Hacıhaliloğlu and Kabaşı), which accounts for the 70% and 20% of the commercial dried apricot production, were sulfitted approximately at 2000 mg kg^{-1} concentration, sun-dried, and then stored at three different temperatures (5°C, 20°C and 30°C) for a period of 1 year. Three different sulfitting methods were applied, i.e., 1) burning elemental sulfites, 2) sulfitting with SO_2 gaseous from liqudified SO_2 tank and 3) dipping into sodium metabisulfite solution.

During storage, periodically samples were drawn and the changes in SO_2 levels, color (browning, β-carotene and surface color) and hydroxymethylfurfural (HMF) content were determined by various chemical and physical analyses. β-carotene and HMF contents of dried apricots were determined by HPLC. Moreover; moisture, water activity, pH and titratable acidity of dried apricots were also determined throughout the storage. Analysis of kinetic data suggested first-order models for SO_2 loss and non-enzymatic browning reactions. Higher storage temperatures increased the rate of SO_2 loss and formation of brown colour in dried apricots. Results from extensive colour measurements (non-enzymatic browning, reflectance colour and β-carotene) revealed that the colour of dried apricots were acceptable for samples stored below 20°C at the end of 12 months of storage. The colour of samples stored at 30°C was unacceptable starting from 2 months of storage. Comparing the sulfitting methods, the highest SO_2 loss during storage occurred from the apricots dipped into sulfite solution. We also observed that Kabaaşı apricots stored at 30°C browned unevenly (not homogenously) during storage.

These results suggest that dried apricots should be sulfitted with SO_2 gaseous, preferably SO_2 gas from the tank containing liquefied SO_2. Both varieties can be chosen for commercial dried apricot production. Also, the dried apricots should be stored at temperature lower than 20°C to preserve the characteristic golden yellow colour.

Key Words: Dried apricots, storage stability, sulfur dioxide, non-enzymatic browning, surface colour, β-carotene, HMF

TEŞEKKÜR

Araştırmamın her aşamasında ilgi ve desteğini gördüğüm danışman hocam Sayın Prof. Dr. Mehmet ÖZKAN'a (Ankara Üniversitesi, Mühendislik Fakültesi, Gıda Mühendisliği Bölümü) çalışmam boyunca önemli katkılarda bulunan Prof. Dr. Levent BAYINDIRLI (Ortadoğu Teknik Üniversitesi, Mühendislik Fakültesi, Gıda Mühendisliği Bölümü) ve Prof. Dr. Feryal KARADENİZ'e (Ankara Üniversitesi, Mühendislik Fakültesi, Gıda Mühendisliği Bölümü) teşekkürlerimi sunarım. Ayrıca, doktora tez çalışmam sırasında yardımlarını gördüğüm değerli arkadaşlarım Meltem TÜRKYILMAZ, Betül ERKAN KOÇ, Özge TURFAN ve Oktay YEMİŞ'e, çalışmama maddi destek sağlayan Devlet Planlama Teşkilatı'na, araştırmada kullanılan kayısıların temininde yardımından dolayı "İnönü Üniversitesi Kayısı Araştırma ve Uygulama Merkezi" ve Doç. Dr. Bayram Murat ASMA'ya ve kükürtleme ve kurutma işlemlerinde yardımlarından dolayı "Tarım ve Köyişleri Bakanlığı Malatya Meyvecilik Araştırma Enstitüsü" ve Gıda Mühendisi Kadir ÖZTÜRK'e ve çalışmalarım süresince yardım ve desteklerini gördüğüm, her zaman yanımda olan sevgili aileme teşekkür ederim.

Ali Levent COŞKUN

Ankara, Şubat 2010

İÇİNDEKİLER

SİMGELER DİZİNİ

Na	Sodyum
K	Potasyum
Ca	Kalsiyum
SO_2	Kükürt dioksit
$Na_2S_2O_5$	Sodyum metabisülfit
H_2SO_3	Sülfüroz asit
H_2SO_4	Sülfürik asit
NaOH	Sodyum hidroksit
HCl	Hidroklorik asit
$CaCO_3$	Kalsiyum karbonat
N_2	Azot gazı
H_2O_2	Hidrojen peroksit
SO_4^{-2}	Sülfat
BHT	**B**ütillenmiş **H**idroksi**t**oluen
THF	**T**etra**h**idro**f**uran
HMF	**H**idroksi **m**etil **f**urfural
dak.	Dakika
TSE	**T**ürk **S**tandartları **E**nstitüsü
PVDF	**P**oly**v**inyli**d**ene **f**luoride
HPLC	Yüksek performanslı sıvı kromatografisi
PDA	Foto dioderey dedektör
UV	Ultraviyole
PTFE	**P**oly**t**etra**f**loro**e**tilen
PPO	Polifenol oksidaz
AAO	Askorbik asit oksidaz
k	Reaksiyon hız sabiti
$t_{1/2}$	Yarılanma süresi
R^2	Determinasyon katsayısı
E_a	Aktivasyon enerjisi
Q_{10}	Sıcaklığın 10°C artırılmasıyla reaksiyon hızının artış katsayısı
a_w	Su aktivitesi
°Bx	Suda çözünür kuru madde
A.B.D	**A**merika **B**irleşik **D**evletleri
AB	**A**vrupa **B**irliği

FAO	**F**ood and **A**griculture **O**rganization
GRAS	**G**enerally **R**ecognized **a**s **S**afe (Genel olarak güvenilir gıda katkısı)
FDA	**F**ood and **D**rug **A**dministration
CIE	**C**ommission **I**nternational de I'**E**clairage
TS	Türk Standardı

ŞEKİLLER DİZİNİ

ÇİZELGELER DİZİNİ

GİRİŞ

Kuru kayısı, fındık ve kuru üzümden sonra en önemli tarımsal ihracat ürünümüzdür. Bu değerli ürünün en önemli kalite kriteri, karakteristik altın sarısı rengidir. Kayısılarda rengin korunması amacıyla; kükürtleme işlemi yapılmaktadır. Gıda endüstrisinde kükürt veya sülfit denildiğinde, yandığı veya parçalandığı zaman kükürt dioksit (SO_2) veren maddeler anlaşılmaktadır. SO_2; bir yandan ürünün rengini korurken, diğer yandan da ürünün mikrobiyolojik stabilitesini sağlamaktadır. Bütün bu etkilere ek olarak kükürt, sağladığı sayısız avantajları nedeniyle, gıda endüstrisinde kullanımından vazgeçilemeyen bir koruyucu maddedir.

Ülkemizde halen yaygın olarak uygulanan kükürtleme yöntemine göre; taze kayısılar “islim odası” denilen kapalı odalarda elementer kükürdün yakılmasıyla oluşan kükürt dioksit (SO_2) gazı atmosferinde tutularak kükürtlenmektedir. Kükürtleme odalarının sızdırmazlığı sağlanamadığı için, halihazırda yapılan uygulamalarda; sadece yakılan kükürt miktarı ve uygulama süresi kontrol edilebilmektedir. Bu nedenle, kayısıların absorbe ettiği kükürt miktarı çoğu zaman istenilen seviyede olmamakta ve tesadüfe bağlı olarak değişmektedir. Yetersiz seviyede kükürtlemenin getireceği olumsuzluklardan kaçınmak amacıyla; çoğu kez aşırı kükürtleme yoluna gidilmekte, bunun sonucunda ürünün ticari değeri düşmekte ve aşırı kükürdün giderilebilmesi için ilave teknolojik işlemlere gereksinim doğmaktadır.

Özetle; ülkemizde kuru kayısı üretimindeki temel sorun, kükürtleme işleminin optimize edilememesidir. Bu araştırmada, kayısılar 3 farklı yöntemle (geleneksel yöntemle kükürtleme, sıvılaştırılmış kükürt dioksit gazı ile kükürtleme ve sülfit çözeltilerine daldırarak kükürtleme) kükürtlenmiş ve kurutulmuş kayısıların yönetmeliklerde izin verilen 2000 mg kg^{-1} düzeyinde kükürt içereceği parametreler ortaya konulmuştur.

Bilindiği gibi depolama koşulları da, en az kükürtleme ve kurutma koşulları kadar önemlidir. Bu nedenle, çalışmamızda farklı kükürtleme yöntemleri kullanılarak 2000 mg kg^{-1} düzeyinde kükürtlenen ve farklı depolama sıcaklıklarında depolanan kuru kayısıların; depolama süresince fiziksel ve kimyasal niteliklerindeki (nem, su aktivitesi, SO_2 miktarı, esmerleşme düzeyi, reflektans renk değerleri, HMF miktarı, β-karoten miktarı, pH ve titrasyon asitliği) değişimler incelenmiştir. Depolama amacıyla, kullanılan sıcaklık dereceleri; 5°C (soğuk koşullara model), 20°C (normal koşullara model) ve 30°C (sıcak koşullara model) olarak seçilmiştir.

Özetle; bu araştırmanın temel amacı, mevzuatta veya dış taleplerde belirtilen düzeyde kükürtlenen kuru kayısıların, tüketiciye ulaşana kadar geçen sürede yukarıda belirtilen sıcaklıklarda depolanması durumunda, kuru kayısı ticaretinde en önemli kalite kriteri olan altın sarısı rengin hangi düzeyde muhafaza edilebileceğinin belirlenmesidir.

2. KAYNAK ÖZETLERİ

Ülkemiz, hem yaş kayısı hem de kuru kayısı üretiminde dünyada ilk sırada yer almaktadır. Dünya yaş kayısı üretiminde ülkemizi İspanya, İtalya, Rusya Federasyonu, İran, Fransa, Yunanistan ve A.B.D izlemektedir. Bu grupta yer alan ülkelerin yıllık yaş kayısı üretimleri 100 bin tonun üzerindedir. 2006–2007 yılları arasında, ülkemiz ve dünyanın yaş kayısı üretim ve ihracat değerleri çizelge 2.1'de verilmiştir (FAO 2009). Çizelge 2.1'de görüldüğü gibi, ülkemiz önemli miktarda yaş kayısı üretmesine karşın, dünya yaş kayısı ticaretinde önemli bir yer almamaktadır. Bununla birlikte, Avrupa Birliği (AB) ve Ortadoğu ülkelerine yapılan yaş kayısı ihracatında son yıllarda önemli artış kaydedilmiştir. Bu ülkeler dışında, Avusturya, Kanada ve Yeni Zelanda'ya da yaş kayısı ihraç edilmeye başlanmıştır (Anonim 2004).

Çizelge 2.1 Yıllara göre yaş kayısı üretimi ve ihracatı* (FAO 2009)

Ülkeler	Yaş kayısı üretimi (ton, 2006)	Yaş kayısı üretimi (ton, 2007)	Yaş kayısı ihracatı* (ton, 2006)	Yaş kayısı Ihracatı* (ton, 2007)	İhracat değeri (US $, 2006)	İhracat değeri (US $, 2007)
Türkiye	460.182	557.572	13.956	14.897	9.215.000	11.043.000
Dünya	3.167.122	3.068.925	248.808	180.856	296.577.000	300.851.000

* 2008 ve 2009 değerleri henüz yayınlanmamıştır.

Ülkemizde, başlıca 6 kayısı üretim bölgesi bulunmaktadır. Bu bölgeler sırasıyla; Malatya–Elazığ–Erzincan bölgesi, Kars–Iğdır Bölgesi, Akdeniz (Mersin–Mut–Antakya) Bölgesi, Marmara Bölgesi, Ege Bölgesi ve İç Anadolu Bölgesi'dir.

Bu bölgeler içerisinde Malatya–Elazığ–Erzincan bölgesi dışındaki bölgelerin üretimleri, genellikle sofralık tüketime yönelik olup; Malatya–Elazığ–Erzincan bölgesinde üretilen kayısıların büyük bir çoğunluğu ise kurutulmaktadır (Anonim 2004).

Malatya, ülkemizin en önemli kayısı üretim merkezidir. Ülkemizde üretilen yaş kayısının yaklaşık %50'si, Malatya'da üretilmektedir. Malatya'da üretilen yaş kayısının yaklaşık %95 gibi önemli bir kısmı kurutmalık olarak değerlendirilmektedir. Bu ilimizde yetiştirilen kayısıların %70'ini kurutmalık bir çeşit olan Hacıhaliloğlu, %20'sini ise diğer bir kurutmalık çeşit olan Kabaaşı çeşidi oluşturmaktadır (Asma 2007). Kabaaşı çeşidi, son yıllarda giderek daha fazla tercih edilmektedir.

Bunun da başlıca nedeni; Kabaaşı çeşidi kayısıların, ilkbahar donlarına karşı dirençli olmasıdır. Bu iki çeşit dışında; Soğancı, Hasanbey, Çöloğlu, Çataloğlu, Şekerpare, Yeğen, Hacıkız, Paşamişmişi ve Turfanda çeşitleri Malatya ilimizde yetiştirilen diğer önemli kayısı çeşitleridir (Asma 2000). Kurutulacak kayısıların suda çözünür kuru maddelerinin yüksek, meyve kabuk ve et renklerinin sarı-turuncu, meyvelerinin orta irilikte, verimlerinin yüksek ve özelikle de optimum olgunluk zamanlarının, kurutma mevsimine (Temmuz-Ağustos arası) yakın olması gerekmektedir.

Yaş kayısıların mümkün olan en kısa süre içinde işlenerek kurutulması, elde edilecek ürünün kalitesi üzerinde çok önemli rol oynamaktadır. Kurutma, ilkçağlardan beri uygulanmakta olan en eski muhafaza yöntemidir.

Kurutma ile gıdaların bileşiminde bulunan ve mikrobiyolojik, biyokimyasal ve kimyasal pek çok reaksiyonun gerçekleşmesini sağlayan su, daha doğru bir ifade ile serbest su miktarı azaltılmakta, yani gıdaların su aktiviteleri (a_w) düşürülmekte ve böylece gıdalarda meydana gelebilecek olan mikrobiyolojik ve biyokimyasal bozulmalar ile kimyasal bozunma reaksiyonlarının engellenmesi mümkün olabilmektedir.

Gıdalar ya güneş ısısından yararlanılarak ya da yapay yolla elde edilen ısı yardımıyla kurutulmaktadır. İngilizce'de bu iki kavramı birbirinden ayırt etmek için "drying (veya sun–drying)" ve "dehydration" sözcükleri kullanılmaktadır. Güneş enerjisinden yararlanmak suretiyle yapılan kurutma işlemi "drying," yapay yöntemlerle yapılan kurutma işlemi ise "dehydration" olarak tanımlanmaktadır (Cemeroğlu ve Özkan 2004).

Her iki kurutma yönteminin kendisine özgü bazı avantaj ve dezavantajları bulunmaktadır. Güneşte kurutmanın başlıca avantajları; enerji harcaması olmaması ve daha da önemlisi birçok kurutulmuş meyvenin kendine özgü karakteristik renk ve aroma oluşumunun ancak güneşte kurutma ile sağlanabilmesidir. Buna karşın başlıca dezavantajları ise; iklim koşullarına bağlı olması, hijyenik koşulların kontrol edilme güçlüğünün bulunması ve önemli düzeyde kurutmalık alana gereksinim duyulmasıdır.

Buna karşın yapay yöntemlerle kurutma, iklim koşullarının kurutma için uygun olmaması, bazı meyve ve sebzelerin bileşimleri gereği güneşte kurutmaya uygun olmaması durumlarında, zaman kazanmak, kapasiteyi arttırmak ve sürekli kurutma yapabilmek amacıyla kullanılmaktadır (Asma 2000).

Ülkemizde; tarımsal ihraç ürünleri içinde önemli bir yeri olan kurutulmuş meyvelerin (kayısı, üzüm, erik ve incir) üretiminde tamamen güneş enerjisinden yararlanılmaktadır (Cemeroğlu ve Özkan 2004). Güneşte kurutulan ürünler; yapay yolla kurutulan ürünlere kıyasla daha homojen, daha parlak ve canlı renkte iken; yapay yolla kurutulan ürünler daha heterojen, mat ve soluk renge sahiptirler (Brekke ve Nury 1964, Abdelhaq ve Labuza 1987).

Ülkemiz, gerek kuru kayısı üretiminde gerekse ticaretinde ilk sırada yer almaktadır. Çizelge 2.2'de, 2006–2007 yılları arasında ülkemizde ve dünyada üretilen kuru kayısı miktarları ile ihracat değerleri verilmiştir (FAO 2009). Kuru üzümden sonra en fazla gelir, kuru kayısıdan sağlanmakta ve bu ürünümüzün ihracatından yılda 150–200 milyon Amerikan doları (USD) gelir elde edilmektedir.

Bu verilere göre, dünya kuru kayısı ticaretinin yaklaşık %82'si ülkemiz tarafından karşılanmaktadır. Ülkemizde en fazla kayısı üretiminin yapıldığı Malatya'da yılda 50–120 bin ton arasında kuru kayısı üretimi yapılmakta ve bu üretimin %90–95'i yaklaşık 100 farklı ülkeye ihraç edilmektedir (Asma vd. 2005). İhracatımızın önemli bir bölümü, A.B.D. ve Avrupa Birliği ülkelerine gerçekleşmektedir. Bunun dışında, önemli düzeyde kuru kayısı ihraç ettiğimiz diğer ülkeler; Rusya Federasyonu, Avustralya, Kanada, İsrail, Mısır, Brezilya, Hong Kong, Yeni Zelanda ve Japonya'dır. Sınır ve bavul ticareti ile de kuru kayısı ihracatı yapıldığından gerçek ihracat değerleri, çizelge 2.2'de verilen değerlerin bir miktar daha üzerindedir (Anonim 2004).

Çizelge 2.2 Yıllara göre kuru kayısı ihracatı* (FAO 2009, Özden 2008)

Ülkeler	Kuru kayısı üretimi (ton, 2006)	Kuru kayısı üretimi (ton, 2007)	Kuru kayısı ihracatı (ton, 2006)	Kuru kayısı ihracatı (ton, 2007)	İhracat değeri (US $, 2006)	İhracat değeri (US $, 2007)
Türkiye	90.000	79.000	113.860	105.031	154.347.000	170.982.000
Dünya	110.700	99.100	137.785	130.376	218.116.000	240.598.000

* 2008 ve 2009 değerleri henüz yayınlanmamıştır.

Kuru kayısıların tüketici tarafından tercih edilmesinde en önemli kalite kriteri, karakteristik altın sarısı renkleridir. Kuru kayısıların karakteristik renginin ancak kükürtleme işlemiyle korunabilmesi sebebiyle; kükürtleme, kayısıların kurutulmasında temel işlemlerden birisidir (Özkan 2001). Kükürtleme işlemi sırasında meyve kabuğu bir miktar yumuşadığı için meyve içerisinden yüzeye doğru olan su transferi hızlanmakta ve böylece kuruma işlemi kolaylaşmaktadır.

Kükürt, çok eski çağlardan beri çeşitli amaçlarla kullanılan elementlerden birisidir. Nitekim; M.Ö. 8. yy'da Yunanistan'da yaşayan bir şairin, kükürdün yakılmasıyla elde edilen SO_2'i evini dezenfekte etmek için kullandığı belirtilmiştir. Sülfit formunda kükürt, yüzyıllardır gıda endüstrisinde koruyucu katkı maddesi olarak kullanılmakta olup, antioksidan görevi görmenin yanında mikrobiyal gelişimi ve aktiviteyi önlemekte, enzimatik esmerleşmeyi ve Maillard reaksiyonunu inhibe etmektedir (Ough ve Were 2005). Sülfit denildiğinde ya doğrudan ya da parçalandığı zaman kükürt dioksit (SO_2) veren inorganik sülfit tuzları anlaşılmaktadır (Özkan 2001).

İnorganik sülfit tuzları denildiğinde; hidrojen sülfit (diğer ismiyle bisülfit, HSO_3^-), sülfit (SO_3^{-2}) ve disülfit (diğer ismiyle metabisülfit veya pirosülfit, $S_2O_5^{-2}$) anyonlarının Na^+, K^+ ve Ca^{+2} katyonları ile yaptığı bileşikler anlaşılmaktadır. İnorganik sülfit tuzları suda çözündürüldüğünde kolaylıkla SO_2'e dönüşebilmektedirler (Özkan 2001). Gıdalarda kullanımına izin verilen GRAS statüsündeki inorganik sülfit tuzları ile bu tuzların teorik SO_2 verimleri ve suda çözünürlükleri çizelge 2.3'te verilmiştir. Gıdalarda en çok kullanılan sülfit formu, gaz halindeki SO_2 ile inorganik sülfit tuzlarından olan bisülfittir (Taylor *vd.* 1986).

İnorganik sülfit tuzları, oldukça higroskopik olup kolaylıkla hidrolize olabilmektedirler. Tuz formdaki sülfit bileşiklerinin muhafazası ve kullanımı, diğer formlarına göre (sıvı veya gaz SO_2) çok daha kolaydır. İnorganik sülfit tuzları, stabiliteleri en yüksekten en düşüğe göre, sülfit > bisülfit > metabisülfit şeklinde sıralanabilmektedir (Ough ve Were 2005).

Çizelge 2.3 GRAS statüsündeki bazı sülfit tuzları ile bunların teorik SO_2 verimleri ve sudaki çözünürlükleri (Ough ve Were 2005)

Kimyasalın adı	Formülü	Teorik SO_2 verimi (%)	Suda çözünürlük (g/L)
Kükürt dioksit (tüp içinde, sıvılaştırılmış)	SO_2	100.0	110 (20°C)
Sodyum sülfit	Na_2SO_3	50.8	280 (40°C)
Sodyum bisülfit	$NaHSO_3$	61.6	3000 (20°C)
Sodyum metabisülfit	$Na_2S_2O_5$	67.4	540 (20°C)
Potasyum metabisülfit	$K_2S_2O_5$	57.6	250 (0°C)
Potasyum bisülfit	$KHSO_3$	53.5	1000 (20°C)

Kuru kayısıların kükürtlenmesinde; elementer kükürdün yakılması ile, tüp içinde sıvılaştırılmış SO_2 gazı ile ve sülfit çözeltilerine daldırarak kükürtleme gibi değişik yöntemler uygulanmaktadır. Bu yöntemlerin birbirlerine göre bazı avantaj ve dezavantajları vardır. Örneğin; sülfit tuzlarıyla; kükürtleme işleminin daha kontrollü koşullarda yapılabilmesi, kükürtleme süresinin önemli düzeyde kısaltılması, kurutma sırasında daha az kükürt kaybı ve hava kirliliğinin önlenmesi bu yöntemin avantajları olarak sayılabilir (Staffford ve Bolin 1972). Buna karşın; çözelti uygulamasında; SO_2, materyalin iç kısımlarına tam anlamıyla nüfuz edememekte ve ayrıca meyvede kuru madde kaybı görülmektedir (Özkan 2001).

Gıdalara SO_2'in bağlanma kapasitesi; ortamdaki reaktif grupların konsantrasyonuna, sülfit çözeltisinin konsantrasyonuna ve daldırma süresine, gıdanın pH'sına ve ortamın sıcaklığına bağlı olarak oldukça geniş sınırlar içerisinde değişebilmektedir.

Gıdalarda bulunan özellikle şekerlerin içerdikleri reaktif gruplar (aldehitler ve ketonlar), kükürtle reaksiyona girerek gıdaya ilave edilen kükürtlü bileşiğin etkin olarak kullanımını sınırlamaktadır. Gıdalara SO_2'in bağlanma kapasitesi üzerine; sülfit çözeltisinin konsantrasyonu ve daldırma süresinin etkisinin incelendiği bir çalışmada (Stafford ve Bolin 1972); kayısı yarımları, farklı konsantrasyonlarda SO_2 içeren sülfit çözeltilerine farklı sürelerde daldırılmıştır. Bu çalışmada, sülfit çözeltisinin konsantrasyonu ile kayısının içerdiği SO_2 miktarı arasında doğrusal bir ilişki olduğu bulunmuştur. Gerek sülfit çözeltisinin konsantrasyonunun artması gerekse daldırma süresinin artması kayısıların daha fazla SO_2 içermesine neden olmuştur.

Aynı çalışmada sülfit çözeltisinin pH'sının (2.5–4.5) kayısıların içerdiği SO_2 düzeyi üzerine etkisi de araştırılmıştır. Düşük pH'larda kayısıların absorpladıkları SO_2 miktarında önemli düzeyde artışlar saptanmıştır. Araştırıcılar, bu durumu düşük pH'larda bisülfite göre çok daha kolay absorbe olabilen sülfüroz asidin ortamda bulunmasına bağlamışlardır.

Ülkemizde kükürtleme işlemi; genellikle toz kükürdün kapalı bir oda içinde yakılmasıyla oluşturulan SO_2 gazının, ürün tarafından absorbe edilmesi suretiyle yapılmaktadır. Kuru kayısıların kapalı bir odada elementer kükürt yakılarak kükürtlenmesinde; sadece yakılan kükürt miktarı ve süre kontrol edilebilmekte, absorbe edilen kükürt miktarı kontrol sınırları dışında kalmaktadır.

Bunun birçok nedeni arasında meyvenin çeşidi, olgunluk derecesi, şekli (bütün veya ortadan ikiye ayrılmış), miktarı, pH'sı, kullanılan kükürdün saflığı, kükürtleme odasının sıcaklığı, kükürtleme odasındaki SO_2 konsantrasyonu ve kükürtleme süresi gibi faktörlerin farklılığı ve kükürtleme işleminin kerevetler yerine plastik kasalar içinde gerçekleştirilmesi, uygulamayı gerçekleştirenlerin işlem hakkında yeterince bilgi ve beceriye sahip olmamaları bulunmaktadır (Joslyn ve Braverman 1954, Gökçe 1966). Bütün bu nedenlerden dolayı; kayısıların absorbe ettikleri SO_2 miktarı, denetim dışında kalmakta ve kuru kayısılarda bazen istenen seviyeden az, çoğu zaman da gereğinden daha fazla SO_2 bulunmaktadır. Geleneksel yöntemle kükürtlenen kayısılar, 1000 ppm ile 6000 ppm (mg kg^{-1}) arasında SO_2 içerebilmekte ve aynı partide kükürtlenen kayısıların SO_2 içeriği, bireysel farklılıklar gösterebilmektedir (McBean *vd.* 1964).

A.B.D'de sülfit bileşikleri gıdalarda yaygın olarak kullanılmaktadır. Ancak özellikle son yıllarda astım hastalarında şiddetli solunum yolu reaksiyonlarına neden olabilmesi nedeniyle Amerika Birleşik Devletleri Gıda ve İlaç Dairesi (FDA) tarafından kullanımı sınırlanmış, özellikle salata barlarında tüketiciye taze olarak sunulan meyve ve sebzeler ile B_1 vitamini (tiamin) kaynağı olan etlerde SO_2 kullanımı yasaklanmıştır. FDA; sülfitlerin çiğ meyveler ve sebzelerdeki GRAS statüsünü iptal etmiş ve sülfitlerin bu ürünlerde izin alınmaksızın serbestçe kullanılamayacağını bildirmiştir (Ough ve Were 2005).

Ülkemizde, üretilen kuru kayısının ticaretinin yapılabilmesi için belirli bazı nitelikleri taşıması gerekmektedir. Kuru kayısının taşıması gereken asgari özellikler, 7 Temmuz 1992 tarihinde Türk Standartları Enstitüsü (TSE) tarafından kabul ve 18 Aralık 2008 tarihinde revize edilerek zorunlu olarak uygulamaya konulan *TS 485* kuru kayısı standardına göre belirlenmiş bulunmaktadır (TSE 2008). Kuru kayısılarda izin verilen maksimum SO_2 düzeyi 2000 mg kg^{-1} olarak kabul edilmiştir (Anonymous 1989, Anonim 1997, Anonim 2008). Bununla birlikte bu değer, ülkeden ülkeye değişiklik göstermektedir. Kuru kayısı ihracatımızın önemli bölümünün gerçekleştiği A.B.D.'de bu değer 3000 mg kg^{-1} düzeyinde iken, Avrupa Birliği ülkelerinde 2000 mg kg^{-1} ve Kanada'da ise, 2500 mg kg^{-1}'dır (Asma vd. 2005). Kuru kayısıların içerebileceği maksimum SO_2 düzeyinin genelde 2000 mg kg^{-1} olması gerektiği belirtilmesine karşın, ülkemizde üretilen kuru kayısılarda genellikle bu limitin üzerinde SO_2 içeriğine rastlanmakta, bu durum özellikle kuru kayısı ihracatında önemli problemlere neden olmaktadır (Anonim 2008).

Kuru kayısıların depolanması esnasında, sıcaklık ve süreye bağlı olarak kükürt miktarı sabit kalmamakta; kükürt, ya sülfata (SO_4^{-2}) okside olarak ya geri dönüşsüz olarak gıda bileşenlerine bağlanarak veya ambalaj materyalinden buharlaşarak azalmaktadır (Özkan 2001). Stadtman *vd.* (1946), nem oranı %23, SO_2 içeriği 5350 ppm olan kayısıları 22–49°C arasındaki 5 farklı sıcaklıkta depolamış ve periyodik olarak aldıkları örneklerde yaptıkları analizler sonucunda; kuru kayısılardan SO_2 kaybının, depolama sıcaklığı ve süresi arttıkça hızlandığını belirlemişlerdir.

Davis *vd.* (1973) ise, kuru kayısıların farklı O_2 geçirgenliğine sahip ambalajlarda muhafaza edilmesinin SO_2 kaybı üzerine etkisini araştırmışlar ve O_2 geçirgenliği yüksek olan ambalajlarda muhafaza edilen kayısılarda depolama boyunca önemli miktarda SO_2 kaybı olduğunu saptamışlardır.

Kuru kayısılardan, SO_2'nin uzaklaştırılması amacıyla yapılan bir çalışmada kuru kayısılar; 40°, 50° ve 60°C sıcaklıklarda kuru hava akımında tutulmuş ve en fazla SO_2 kaybının, 60°C'de depolanan örneklerde olduğu saptanmıştır (Özkan ve Cemeroğlu 2002a). Bunun dışında, Sağırlı *vd.* (2008) orta nemli kayısıları, nem geçirgenliği düşük ambalajlarda 5°, 20° ve 30°C sıcaklıklarda depolamışlar ve en fazla SO_2 kaybını, 30°C'de depolanan örneklerde gözlemlemişlerdir.

Sülfitlerin koruyucu katkı maddesi olarak başlıca kullanım amaçları; enzimatik olmayan esmerleşmeyi önlemek, enzimatik reaksiyonları engellemek, SO_2'in antimikrobiyel antioksidan, indirgen ve ağartıcı özelliklerinden yararlanmaktır (Özkan 2001).

Kuru kayısıların, uygun olmayan depolama koşullarında depolanması, elde edilen ürünün kalitesinin zamanla azalmasına neden olabilmektedir. Depolama süresince; başta renkte meydana gelen değişiklikler olmak üzere, istenmeyen mikrobiyolojik gelişmeler sonucunda da bazen ürün elden çıkabilmektedir. Bu nedenle; kuru kayısıların, üretimden sonra dikkatle ve özenle depolanması gerekmektedir (Asma 2004).

Kuru kayısıların karakteristik renklerinin bozulmasına neden olan en önemli reaksiyon, gerek kurutma gerekse depolama sırasında meydana gelen esmerleşme reaksiyonlarıdır.

Esmerleşme reaksiyonları temelde 2 şekilde (enzimatik olan ve enzimatik olmayan) gerçekleşmektedir. Kayısılar, kurutma sırasında ve özellikle kurutmanın başlangıcında hızla enzimatik esmerleşmeye uğramaktadırlar. Enzimatik esmerleşme reaksiyonları; açık renkli meyve ve sebzelerin (kayısı, elma, armut, patates vb.) dokularındaki fenolik maddelerin (mono ve *o*-difenoller v.b), polifenoloksidaz enzimi katalizörlüğünde *o*-kinonlara hidroksilasyonu ve oksidasyonu ile başlamaktadır. Daha sonra, *o*-kinonların enzimatik olmayan oksidasyonu ve bunu takiben polimerizasyonu sonucunda melanoidinler oluşmakta; böylece bu açık renkli ürünlerde, renk esmerleşmektedir (Cemeroğlu ve Özkan 2004). Enzimatik esmerleşme zarar görmemiş bitki hücrelerinde meydana gelmemekte, çünkü fenolik bileşikler vakuol içinde iken PPO ise sitoplâzma içinde bulunmaktadır (Yemenicioğlu *vd.* 1997). Şekil 2.1'de enzimatik esmerleşme reaksiyonlarının oluşum mekanizması gösterilmektedir (Isaac *vd.* 2006).

Şekil 2.1'de görüldüğü gibi; PPO enzimi fenolik bileşikleri yüksek derecede reaktif olan *o*-kinonlara dönüştürmekte ve bu dönüşüm sonucunda istenmeyen koyu renkli bileşikler meydana gelmektedir.

Gıdalarda esmerleşme reaksiyonlarını engellemek amacıyla kullanılan sülfitlerin bu reaksiyondaki ana görevi; PPO enzimini inaktive ederek *o*-kinon oluşumunu engellemek ve oluşmuş olan *o*-kinonları daha stabil yapıda olan 1,2-dihidroksibenzene indirgemek suretiyle esmerleşme reaksiyonlarını başlangıç aşamalarında durdurmaktır.

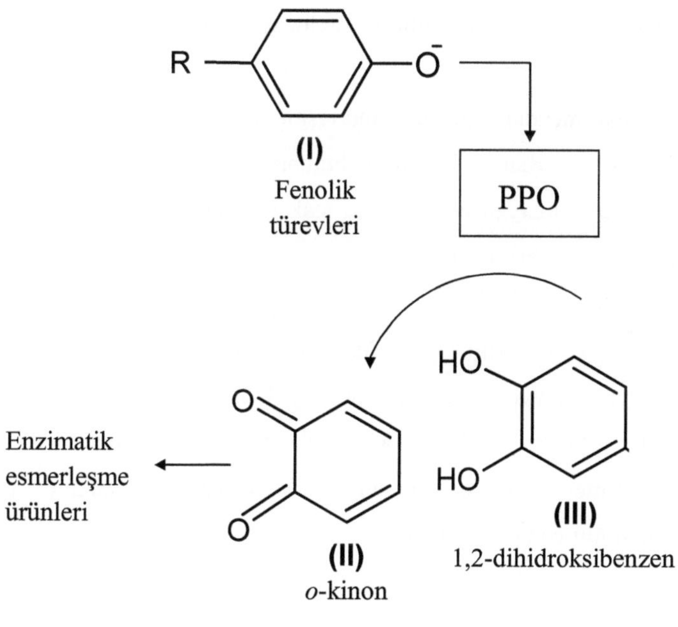

R—(benzene ring)—O⁻ → PPO

(I)
Fenolik türevleri

Enzimatik esmerleşme ürünleri ← **(II)** *o*-kinon ← **(III)** 1,2-dihidroksibenzen

Şekil 2.1 Enzimatik esmerleşme reaksiyon şeması (Isaac *vd.* 2006)

Şarap üretiminde tat, tekstür ve elde edilen son ürünün renginin oluşumunda fenolik bileşiklerin varlığı büyük önem taşıdığından; sülfit bileşiklerinin, fenolik bileşikleri ileri oksidasyon reaksiyonlarından koruma yeteneği, özellikle şarap endüstrisinde çok önemlidir (Isaac *vd.* 2006).

Enzimatik esmerleşmenin önlenmesinde gerekli sülfit konsantrasyonu; dokudaki enzim aktivitesine, reaksiyona girebilecek substratın türü ve miktarına bağlı olarak değişmektedir (Haisman 1974). Ayrıca sülfitlerin, enzimatik esmerleşmeyi genellikle geçici bir süre inhibe etmeleri sebebiyle; uygulanacak sülfit konsantrasyonu, reaksiyonun ne kadar süreyle inhibe edilmek istendiğine de bağlıdır (Taylor *vd.* 1986).

Gıdalarda meydana gelen esmerleşme reaksiyonlarının bir kısmında da enzimlerin herhangi bir rolü bulunmamaktadır. Bu tür reaksiyonlara "enzimatik olmayan esmerleşme reaksiyonları" (non-enzymatic browning reactions) adı verilmektedir.

Kuru kayısı vb. kuru meyvelerin üretiminde yapılan kükürtleme işlemi nedeniyle, meyvenin bünyesinde doğal olarak bulunan mevcut enzimler inaktive olmakta ve kuru kayısılarda depolama boyunca meydana gelen esmerleşme reaksiyonları enzimatik olmayan karakter taşımaktadır (Cemeroğlu ve Özkan 2004).

Enzimatik olmayan esmerleşme reaksiyonlarının birçok çeşidi olmakla birlikte; özellikle meyvelerin kurutulması ve depolanması sırasında oluşan esmerleşme, Maillard tipi esmerleşmedir (Nielsen *vd.* 1993).

Bu tip esmerleşmede, reaktif karbonil grupları (indirgen şekerler; glukoz ve fruktoz) ile amino nitrojeninin (aminler, amino asitler, peptidler ve proteinler) reaksiyonu sonucu stabil ara ürünler oluşmakta ve bu ara ürünlerin kondensasyonu ile yüksek molekül ağırlığına sahip ve suda çözünmeyen kahverengi pigmentler (melanoidinler) oluşmaktadır (Özkan 1996).

Gerek enzimatik esmerleşme reaksiyonları, gerekse de enzimatik olmayan esmerleşme reaksiyonlarının gelişiminde meyvenin bünyesindeki bileşenlerin yanı sıra üretim prosesleri ve uygun olmayan depolama sıcaklıkları, pH derecesi, rutubet, ortamdaki oksijen miktarı ve meyvenin kuru madde miktarı vb. faktörler de etkili olmaktadır.

Kuru kayısı; yüksek oranda indirgen şeker ve amino asit içeriğiyle beraber uygun pH oranını sağlayan organik asit kompozisyonuna da sahip olduğundan; yüksek depolama sıcaklığında Maillard tipi esmerleşme reaksiyonlarının oluşumu teşvik edilmektedir (Cemeroğlu ve Özkan 2004).

Enzimatik olmayan esmerleşme reaksiyonlarının hızı ve oluşan ürünlerin şekli, reaksiyona giren amino bileşiği (amino asit/protein) ile şekerin özelliklerine göre değişim göstermektedir. Enzimatik olmayan esmerleşme reaksiyonlarına katılan şekerlerin reaktiviteleri pentozlar (D-ksiloz, L-arabinoz) > heksozlar (D-galaktoz, D-mannoz, D-glukoz, D-fruktoz) > disakkaritler (maltoz ve laktoz) şeklinde sıralanmaktadır (Köksel 1998).

Enzimatik olmayan esmerleşme reaksiyonları bazı şekerleme ve fırıncılık ürünlerinde arzu edilen tad ve aroma bileşiklerinin oluşumunda katkı sağlamasına rağmen, çoğu gıdada özellikle de orta nemli gıdalarda (Intermediate Moisture Foods, IMF) raf ömrünün kısalmasına neden olmaktadır. Bu reaksiyonlar sonucunda gıdalarda protein kaybı, tat-koku-lezzet kaybı (off-flavor oluşumu) ve koyu renkli pigmentlerin miktarının artışı vb. olumsuzluklar ortaya çıkmaktadır (Sağırlı 2006). Enzimatik olmayan esmerleşme reaksiyonları sonucunda oluşan ve gıdaların renk ve aroması üzerinde önemli katkıları olan bileşikler; alifatik aldehitler, ketonlar, diketonlar ve düşük molekül ağırlıklı yağ asitleridir.

Enzimatik olmayan esmerleşme reaksiyonları sonucunda oluşan en önemli bileşiklerden birisi de 5-hidroksimetil-2-furaldehit (5-HMF) ve bunun türevleri olup; bu bileşikler, daha ziyade yüksek sıcaklık uygulanan prosesler sonucunda meydana gelmektedir.

Bu nedenle; üründe kompozisyon değişimi, üretim koşulları ve depolama stabilitesi hakkında bilgi vermektedir (Kuş *vd.* 2005). 5-HMF'nin insan sağlığı üzerine sitotoksik (Ulbrich *vd.* 1984), genotoksik ve mutajenik (Janzowski *vd.* 2000) etkileri vardır. Ancak insanların diyetle 450 mg/kg vücut ağırlığı düzeyinde HMF alması sağlık üzerinde bir olumsuzluğa neden olmadığı bildirilmektedir (Whistler ve Daniel 1985). Buna rağmen; 5-HMF'nin gıdalardaki miktarı yönetmeliklerle sınırlanmıştır. Taze gıdalarda bulunabilecek 5-HMF seviyesi sıfıra yakındır. 5-HMF ve diğer furfuraldehitler; monosakkaritlerin parçalanması ile oluşmaktadır. Önemli bir kalite kriteri olan 5-hidroksimetil-2-furfuraldehit (5-HMF) ve 2-furaldehitin (F) gıdalarda yüksek oranda bulunması; gıdaya aşırı ısıl işlem uygulandığının bir göstergesidir (Alcazar *vd.* 2006).

Enzimatik olmayan esmerleşme reaksiyonlarının kontrol altına alınmasında uygulanabilecek başlıca yöntemler; düşük pH, düşük depo sıcaklığı, antioksidan madde kullanımı ve özellikle kurutulmuş ürünlerde Maillard esmerleşmesini önleyen, bilinen en etkili inhibitör olan sülfitlerin kullanımıdır.

Enzimatik olmayan esmerleşmeyi önlemede, sülfitlerin ne tip bir kimyasal mekanizmayla etkili olduğu hala tam olarak bilinmemektedir (Lindsay 1985). Bu amaçla birçok araştırma yapılmış olup, bunların sonuçları ve yorumları da birbirinden oldukça farklılık göstermektedir.

SO_2'in, renk esmerleşmesinin önlenmesinde oynadığı rolün açıklanması amacıyla birçok farklı teori geliştirilmiştir. Bir teoriye göre; kükürt dioksit, kuvvetli indirgen bir madde olduğundan yüksek düzeyde antioksidan kapasite göstermekte ve reaksiyon ortamında yeterli oranda bulunduğu takdirde oksidasyon-redüksiyon dengesini sabit tutarak, esmerleşme reaksiyonlarını engelleyebilmektedir. Ancak bu teori kuru kayısı için her zaman geçerli olamamaktadır. Bunun sebebi; kuru kayısıda bulunan SO_2'in bir kısmının aerobik koşullarda okside olarak sülfat formuna dönüşmesi, ancak anaerobik ortamda bu reaksiyonun gerçekleşmemesidir (Gökçe 1966).

SO_2'in esmerleşme reaksiyonlarının engellenmesinde olan rolüne ilişkin bir diğer teoriye göre; SO_2, esmerleşme reaksiyonlarında etkin rol alan indirgen şekerlere (aldoller) bağlanarak oksidasyon reaksiyonunu ve oluşan ara ürünlerin daha ileri aşamalarda *o*-kinonlara dönüşümünü engellemektedir (Şekil 2.2).

Kayısının fazla miktarda indirgen şeker ve amino asit içermesi, aynı zamanda pH derecesinin esmerleşme reaksiyonunun oluşumu için uygun sınırlar içerisinde bulunması sebebiyle bu teorinin; kuru kayısılar için geçerli olabileceği düşünülmektedir. Esmerleşme reaksiyonlarının engellenmesinde SO_2'in rolüne ilişkin son teori ise; SO_2'in, esmerleşme reaksiyonlarının oluşumunu engellemediği, ancak esmer renk oluşturan pigmentlerin rengini giderdiği yönündedir (Gökçe 1966). Nitekim; melanoidinler oluştuktan sonra ortama yapılan sülfit ilavesiyle, kurutulmuş esmer renkli meyvelerin renklerinin açılması yaygın bir uygulamadır (Wedzicha 1987). Şekil 2.2'de SO_2'in enzimatik olmayan esmerleşme reaksiyonundaki muhtemel etki mekanizması gösterilmektedir (Isaac *vd.* 2006). Bunlara ek olarak sülfitler, askorbik asidin askorbik asit oksidaz ile (AAO) oksidasyonunu engellemekte ve bu amaçla domates, patates, tatlı kabak, karnabahar, yeşil ve kırmızı biberlerin işlenmesinde de kullanılmaktadır (Özkan 2001). Birçok taze, kurutulmuş, dondurulmuş veya konserve edilmiş meyve ve sebzeler özellikle üretim prosesleri sırasında meydana gelen, enzimatik olan veya enzimatik olmayan esmerleşme reaksiyonlarına karşı hassas olup; bu reaksiyonlardan kükürtlenerek korunmaktadırlar.

Örneğin; bezelye, yeşil fasulye vb. sebzelerin konserveye işlenmesinde; sebzelerin sodyum sülfit veya sodyum metabisülfit çözeltisinde haşlanması, kötü tat ve koku oluşumunun engellenmesinde bazen uygulanan bir yöntemdir. Burada sülfitlerin, lipit oksidasyonunun katalizörü olan lipoksigenaz enzimini inhibe ederek veya oluşan karbonillerle kompleks yaparak kötü tat ve koku oluşumunu engellediği tahmin edilmektedir (Özkan 2001). Anlaşıldığı gibi; lipit oksidasyonu sonucu oluşan kötü tat ve koku oluşumunun engellenmesinde de sülfit kullanımı yaygındır.

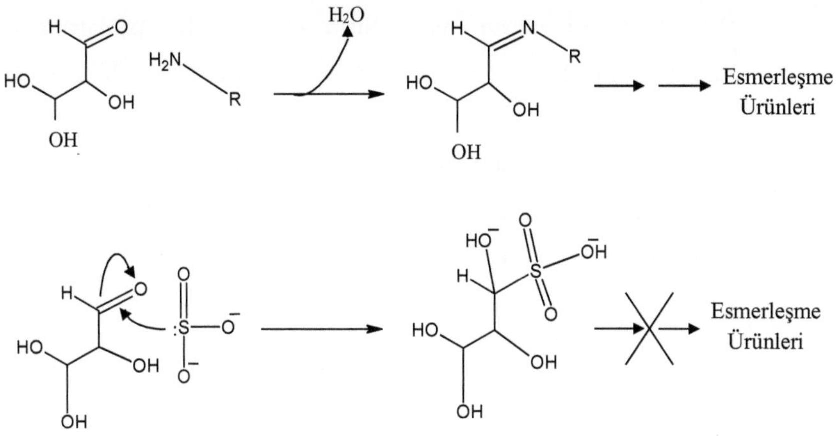

Şekil 2.2 Enzimatik olmayan esmerleşmenin reaksiyon şeması ve sülfitin koruyucu etkisi

Diğer bir yandan sülfitler; özellikle laktik asit bakterilerinin, asetik asit bakterilerinin ve küflerin gıdalarda gelişimini önleyen seçici antimikrobiyal maddelerdir (Joslyn ve Braverman 1954, Özkan ve Cemeroğlu 1996). Sülfitler yaygın olarak şarap üretiminde, üzüm suyunda ve mısır nişastası üretiminde, nişastanın ekstraksiyonu aşamasında bakteriyel fermentasyonun önlenmesinde; sofralık üzümlerin taşınması ve depolanması sırasında bakteri ve küf üremesinin engellenmesinde; reçel ve meyve suyu üretiminde kullanılacak meyvelerin hasat sonrası mikrobiyal bozulmalarının önlenmesinde ve hıyar turşularının küflere direncinin artırılmasında kullanılmaktadırlar (Roberts ve McWeeny 1972, Taylor *vd.* 1986).

Sülfitler aynı zamanda; esansiyel yağ asitleri ve karotenoidlerin oksidasyonunu engelleyerek kötü koku ve tat oluşmasının yanında renk kayıplarını da önlemektedirler (Roberts ve McWeeny 1972).

Sebzeler (bezelye, havuç, fasulye, lahana, patates ve domates vb.) kükürtlendikleri zaman; rengi oluşturan bileşenler, parçalanmaya karşı daha az eğilim göstermekte ve sebzelerin renkleri daha stabil kalmaktadır.

Özellikle kuru meyveler, kükürt dioksit atmosferinde muhafaza edildikleri zaman doğal niteliklerini daha iyi korumaktadırlar. Bir diğer antioksidan özellikli madde olan askorbik asit; sülfitler ve diğer antioksidan bileşenlerle kombine edildiğinde, gıdalardaki antioksidan etkisi daha da kuvvetlenmektedir (Ough ve Were 2005).

Kuru kayısıların tüketici tarafından tercih edilmesindeki en önemli faktörün, kayısıların karakteristik altın sarısı renklerinin olduğundan daha önce bahsedilmiştir. Kayısılar; bu karakteristik renklerini özellikle β-karoten başta olmak üzere diğer karotenoid bileşiklerden almaktadırlar. Kayısı meyvesinin % 60-70'i β-karoten, % 5-7'si γ-karoten, % 4-7'si kriptoksantin, % 5'i likopen ve % 1.5-2'si luteinden oluşan bir karotenoid bileşimi mevcuttur (Sass-Kiss *vd.* 2005). Kalite üzerinde en fazla etkisi olan karotenoid bileşik β-karotendir. Kuru kayısıların yüzey rengini; renk maddesi (pigment) konsantrasyonundan başka kurutma koşulları ve SO_2 içeriği de önemli ölçüde etkilemektedir (Sağırlı 2006).

Karotenoidler, yağda çözünen (lipokrom) pigmentlerdir. Büyük çoğunluğu tetraterpen ($C_{40}H_{64}$) yapıda olup, 8 tane izopren (C_5H_8) ünitesinin birleşmesinden meydana gelmektedirler (Özkan ve Cemeroğlu 1997). Karotenoidlerin prototipi yapısında halka içermeyen likopen molekülüdür. Diğer karotenoidler, likopenin hidrojenasyonu, dehidrojenasyonu ve oksidasyonu ile meydana gelmektedir (Özkan ve Cemeroğlu 1997).

Şekil 2.3'te likopenin; Şekil 2.4'te ise β-karoten'in kimyasal yapısı görülmektedir (Rodriguez-Amaya 2001).

Karotenoidler doğada yalnızca bitkiler tarafından sentezlenebilen bileşiklerdir, yeşil renkli bitkilerin yapısında bulunan karotenoidler klorofil tabakası ile örtülmüş haldedirler. Doğada en yaygın olarak bulunan karotenoid bileşikler; fruktoksantin (alglerde), lutein (yonca, palm yağı), violaksantin (portakal kabuğu) ve neoksantindir (Cemeroğlu ve Özkan 2004). Diğer önemli karotenoid bileşikler ise likopen (domates, karpuz), kapsantin-kapsarubin (kırmızı biber), biksin (annotto) olarak belirlenmiştir (Özkan ve Cemeroğlu 1997).

Karotenoidlerin bir bölümü provitamin A aktivitesi gösterirken, diğer bir kısmının da antikarsinojen, antiülser, yaşlanmayı geciktirici ve antioksidant etkileri bulunmaktadır (Rodriguez-Amaya 1993). Karotenoidlerin yüksek derecede doymamış yapıları ısıya, oksijene ve ışığa karşı hassas olmalarına neden olmaktadır. Karotenoidlerin stabil olmamaları nedeniyle; kayıplarının minimize edilebilmesi büyük önem taşımaktadır (Sant'ana *vd.* 1998). Karotenoid bileşiklerin en önemlilerinden biri β-karotendir. β-karoten hemen hemen tüm sarı-portakal kırmızısı renkli meyvelerde yaygın olarak bulunan bir bileşiktir. β- karotenin önemi öncelikle yüksek provitamin A aktivitesine sahip olması, renklendirici özellikleri (sarı, kırmızı, portakal rengi) ve antioksidatif karakterleri nedeniyle gün geçtikçe artmaktadır.

β-karoten özellikle cilt, karaciğer ve diğer önemli kanser tiplerine karşı koruyucu özelliktedir. β-karoten kalp krizi riskini düşürmede ve ülseri engellemede de önemli rol oynamaktadır.

β-karoten, birçok yoğun araştırmalara konu olmuştur. β-karoten diğer tüm karotenoid bileşikler gibi proses koşullarına karşı çok hassas olduğu için üretim sırasında kolaylıkla parçalanabilmektedir. Bu nedenle karotenoidlerce zengin gıdaların üretiminde azami dikkat gösterilmesi ve koruyucu tedbirlerin alınması (antioksidan kullanımı, sülfitleme vb.) gerekmektedir.

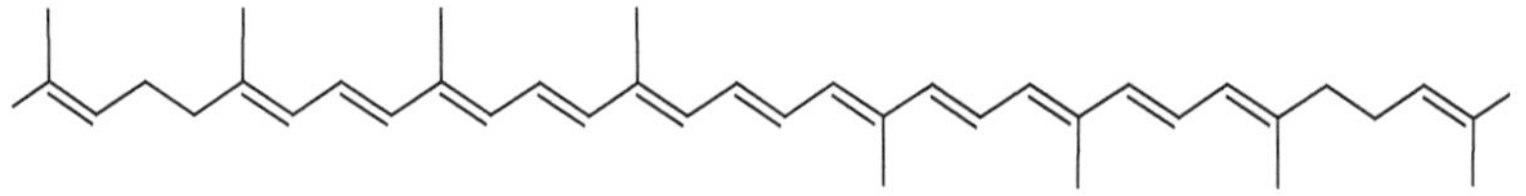

Şekil 2.3 Likopenin kimyasal yapısı (Rodriguez-Amaya 2001)

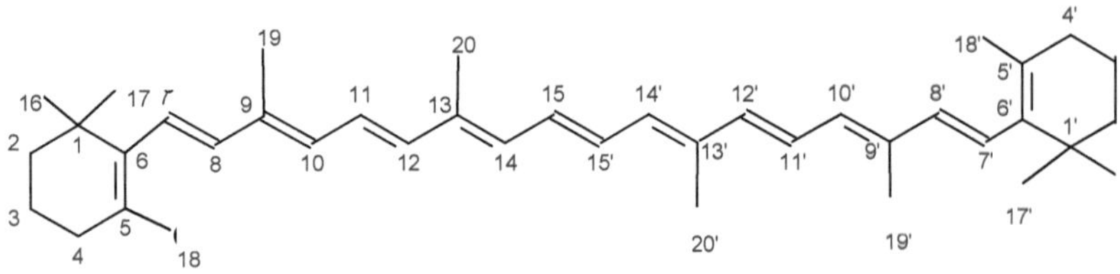

Şekil 2.4 β-karotenin kimyasal yapısı (Rodriguez-Amaya 2001)

Bu araştırmada; farklı yöntemlerle kükürtlenen ve güneşte kurutulan Hacıhaliloğlu ve Kabaaşı çeşidi kayısıların, farklı sıcaklıklarda (5°, 20° ve 30°C) 12 ay depolanması süresince renklerinde meydana gelen değişmeler de incelendiğinden; insanın ve renk ölçmede kullanılan kolorimetrelerin rengi nasıl algıladıklarına ilişkin teorik bilgilere aşağıda değinilmiştir.

İnsan gözü 380–780 nm dalga boyundaki ışığı algılayabilmektedir (Anonymous 1994). 380 nm altı UV ve 780 nm üzeri de kızıl ötesi (infrared) bölgesidir ve bu bölgelerdeki ışık, insan gözü tarafından algılanamaz. Gıdaların renklerinin belirlenmesinde son yıllarda birçok yeni laboratuar cihazları (kolorimetreler ve spektrofotometreler vb.) geliştirilmiş olup, bu cihazlar renk ölçümünde insan gözünün renk algılama özelliklerini esas almaktadırlar (Mendoza *vd.* 2006).

Bir cisimden yansıyan ışık, görünür bölge içindeki değişik dalga boylarının bir karışımı; renk ise, baskın dalga boyuna göre oluşan bir algılama biçimidir. İnsan gözü kırmızı, yeşil ve mavi olmak üzere 3 temel rengi algılayabilmektedir. Işık kaynağı altındaki bir cisme bakılınca, gözdeki retina tabakası objeden yansıyan ışığı, üzerinde bulunan 3 temel renk "sensörüne" göre algılayarak bu veriyi beyne iletmektedir. Beyin ise göz tarafından iletilen bilgiye göre rengi tanımlamaktadır. Gıdalarda renk ölçümü amacıyla en yaygın olarak kullanılan cihazlar "Tristimulus Reflektans Kolorimetreleri" olup; bu cihazlar, insan gözüyle aynı prensibe göre çalışmaktadır (Özkan 2001).

Tristimulus renk kolorimetreleri, uygun bir ışık kaynağı ile kombine edilmiş bir seri filtre ve objeden yansıyan ışığın XYZ eksenlerindeki spektral dağılımını ölçen bir seri dedektörden meydana gelmiştir (Mendoza *vd.* 2006). Bu kolorimetreler insan gözündeki alıcılarla (reseptör) aynı hassasiyete sahip olan 3 ana renk sensörü (kırmızı, yeşil ve mavi) kullanarak, gıdadan yansıyan ışığı ölçerler.

Gıdalarda renk ölçümü amacıyla kullanılabilen diğer spektrofotometreler ise; görünür bölgede yer alan ışığın objeler tarafından yansıtılma veya geçirilme özelliklerini dalga boylarına göre belirlerler (Mendoza *vd.* 2006). Görünür bölgede (380-780 nm) yer alan herhangi bir dalga boyundaki ışık, 3 ana renk sensörünün birini veya birkaçını uyarmaktadır. Algılanan renk, ana renklerin birleşimi sonucunda oluşmaktadır. Renk ölçümünde temel amaç, rengin hangi sensör tarafından ve ne oranda algılandığını belirleyebilmektir (Mendoza *vd.* 2006).

Her iki cihaz da renk ölçümü için uygun olsalar da birçok bütün haldeki gıdada renk dağılımı ve uniform renk ölçümü için yeterli değillerdir. Bunun sebebi; bu cihazların ölçüm alanının genellikle objedeki renk profilini oluşturan değerlerin ölçüm sınırlarının çok altında kalmasıdır.

Renk; temel olarak 3 ana elementin (ışık kaynağı, örneğin ışığı yansıtma yeteneği ve algılayıcının görsel duyarlılığı) bir arada spektral dağılımı ve geometrisi ile tanımlanmaktadır. Ancak algılanan ışığın yoğunluğu; hem obje tarafından yansıtılan ışığın yoğunluğuna, hem de spektral dağılımına bağlıdır (Mendoza *vd.* 2006).

CIE (**C**ommission **I**nternational de I'**E**clairage) tarafından renk ölçümü amacıyla kullanılabilecek birçok renk ölçüm sistemi (CIE XYZ, CIE sRGB, CIE L*C*h* ve CIE L*a*b* sistemleri) kabul edilmiştir. Günümüzde en çok kullanılan L*a*b* sistemi ise, 1942'de Hunter tarafından ortaya konulan ve 1976'da CIE tarafından geliştirilen sistemdir. Bilindiği gibi; CIE L*a* b* sisteminde L* değeri aydınlık (lightness), a* ve b* değerleri ise renk koordinatı olarak tanımlanmaktadır.

Ayrıca yine bu sistemde a* ve b* değerlerinden hesaplanan C* (kroma, renk yoğunluğu) ve h° (renk tonu) adı verilen 2 değer daha mevcuttur (Mendoza *vd.* 2006). Çizelge 2.4'te CIE renk ölçüm sisteminde kullanılan başlıca renk kriterleri ve anlamları gösterilmektedir.

Renk; ürün kalitesinin diğer fiziksel, kimyasal ve duyusal indikatörleri ile iyi bir korelasyon gösterdiğinin yaygın olarak belirlenmesinden beri, tarımsal ürünler ve gıdaların temel fiziksel kalite niteliği olarak kabul görmektedir.

Gerçekte, renk gıda endüstrisinde ve araştırmalarında gözle tespit edilebilen kalitenin en temel unsuru olarak ortaya çıkmaktadır (Segnini *vd.* 1999, Abdullah *vd.* 2001).

Çizelge 2.4 CIE Reflektans Renk Değerleri (Mendoza *vd.* 2006)

Değer	Anlamı	Değişim Sınırları
L*	Aydınlık	0 (Siyah) 100 (Beyaz)
a*	Renk koordinatı	(+) a (Kırmızı) (-) a (Yeşil)
b*	Renk koordinatı	(+) b (Sarı) (-) b (Mavi)
C*	Renk yoğunluğu, doygunluğu	Mat (Merkezde) Parlak (Merkezden uzaklaştıkça)
h°	Renk tonu	0-360° (Kırmızı) ; 90° (Sarı) 180° (Yeşil), 270° (Mavi)

Renk değerleri aynı zamanda gıdalarda çeşitli nedenlerle meydana gelen kimyasal değişiklikleri ve kalite kayıplarını da tahmin etmek amacıyla kullanılabilmektedir. Çoğu araştırmacı, L* değerinin meyveler ve meyve ürünlerinde esmerleşme indeksi olarak kullanılabileceğini saptamıştır.

Örneğin; L* değerindeki azalma, meyvelerde enzimatik olmayan esmerleşme sonucu meydana gelen kahverengi pigment miktarındaki artışla ilişkilidir (Sağırlı 2006). L* ve a* değerleri, elma ve armutlarda ve bu meyvelerin sularında enzimatik esmerleşme indeksi olarak kullanılmıştır (Sapers *vd.* 1987).

Çekirdeksiz sarı üzümlerde, polifenol oksidaz (PPO) inaktivasyonu ile L* değeri arasında yüksek bir korelasyon (r = + 0.97) olduğu saptanmıştır (Aguilera *vd.* 1987). Lee ve Nagy (1988), greyfurt sularının 10°-50°C arasında depolanması sırasında Hunter L* değerini enzimatik olmayan esmerleşme indeksi olarak kullanmış ve furfural oluşumu (r = -0.98) ve 5-HMF oluşumu (r = -0.83) ile L* değerleri arasında negatif bir korelasyon bulmuşlardır.

Yapılan birçok çalışmada, L*a*b* renk ölçüm değerleri ile gıdanın pigment konsantrasyonu ilişkilendirilmiştir. Gıdalardaki β-karoten miktarı ile renk değerleri arasındaki muhtemel ilişkiyi belirlemek amacıyla yapılan çalışmalarda; sarı patateslerde β-karoten miktarı ile b* değeri arasında pozitif (r = +0.74), L* değeri ile negatif bir korelasyon (r = -0.74) olduğu bulunmuştur. Bu sonuçlara göre; β–karoten miktarı b* değeri arttıkça artmakta, L* değeri arttıkça ise azalmaktadır. a* değeri ile β–karoten miktarı arasında herhangi bir korelasyon bulunamamıştır (Ameny ve Wilson 1997). Yine Ramakrishnan ve Francis (1973) tarafından kırmızı biberlerde yapılan bir çalışmada; Hunter a* değerleri ile karotenoid miktarı arasında pozitif bir ilişki tespit edilmiştir.

Özkan (2001) tarafından yapılan bir çalışmada, kuru kayısıların 13 gün boyunca 40°C' de depolanması sonucu başlangıç değerleriyle karşılaştırıldığında L* değerlerinde 4.7 birim, b* değerlerinde 2.9 birim, C* değerlerinde 2.7 birim ve h° değerlerinde 2.8 birim artış; a* değerlerinde 0.7 birim azalma olduğu saptanmıştır. Rossello *vd.* (1994) ise yaptıkları çalışmada, düşük SO_2 içeriğine (300 ppm) sahip kayısıların, daha yüksek oranda SO_2 içeriğine sahip (1400 ppm) kayısılara göre Hunter L*, a*, b* değerlerinin daha düşük olarak saptamışlardır (Sağırlı 2006).

Kuru kayısı üretiminde renk dışında kalite üzerinde etkili olan faktörlerden birisi de, ürünün nem miktarıdır. Kuru kayısının nem miktarı öncelikle depolama stabilitesi üzerinde önemli etkilere sahiptir. Aşırı nemli kayısılar depolama süresince dış etkenlerin etkisi ile hızla mikrobiyal bozulmalara uğramakta ve bazı durumlarda ürün tamamen elden çıkabilmektedir.

Ülkemizde ticari anlamda üretimde; kayısılar çoğu kez %20 nem düzeyine kadar kurutulmakta olup bu nem düzeyi, kayısıların doğrudan tüketimi için oldukça düşüktür (Sağırlı 2006). Bu nedenle; tüketime sunulacak kayısılar, daha sonra bir nemlendirme işlemine (rehidrasyon) tabi tutularak nem düzeyleri %25 civarına getirilmektedir. Bu nem düzeyindeki kayısı, yumuşak olup çiğnenmesi kolaydır. Hijyenik koşullara yeterince dikkat edildiği taktirde de elde edilecek ürün, mikrobiyal olarak stabil niteliktedir (Anonim 2004). *TS 485*'e göre; kuru kayısılarda nem içeriği, yeniden yumuşatılmış (rehidratasyon) kuru kayısılar hariç %22'den fazla olmamalıdır, bu oran koruyucu maddeler kullanılmışsa en çok (kükürt içerenler için) %25 olabilir. Eğer nemlendirme işlemi yapılmışsa bu, ürünün etiketinde mutlaka bildirilmelidir (TSE 2008).

Kuru kayısıların nem seviyelerindeki değişim ile reflektans renk değerleri arasındaki ilişki; ışığın yansıtılması ile tanımlanan spektral özellikleri ile bağlantılıdır. Kuru kayısıların yeniden nemlendirilmesi (rehidrasyon) sırasında su, hücreler arası boşluklara dolmakta ve yüzeyden yansıyan ışığın dalga boyunu değiştirmektedir. Benzer bir durum; yeşil fasulye ve bezelyelerin konserveye işlenmesi sırasında uygulanan sıcak suda haşlama işlemi sırasında meydana gelmekte olup, işlem sonucunda elde edilen ürünün rengi başlangıç değerlerine göre daha yeşil olmaktadır (Özkan *vd.* 2003).

Farklı nem içeriklerine sahip kuru kayısılardaki renk değişimi üzerine yapılan bir çalışmada; nem içerikleri %19.32 olan kuru kayısılar, ilk önce %15.5 neme kurutulmuşlar daha sonra sırasıyla %20.1; %25.2 ve son olarak da %30.2 neme rehidre edilmişler, kuru kayısıların rengini belirlemek için CIE L*, a*, b* değerleri ve C* (chroma) ve h° (hue) değerleri hesaplanmıştır. Renk değerleri ve nem içerikleri arasında linear bir ilişki olduğu saptanmıştır. Kayısıların nem içerikleri arttıkça, L*, b*, C* ve h° renk değerleri de artış gösterirken; a* değerinin azalma gösterdiği saptanmıştır (Özkan *vd.* 2003).

Bir gıdanın mikrobiyolojik yolla bozulması, ortamda mikroorganizmaların kullanabileceği nitelikte suyun bulunmasına bağlıdır. Muhafaza yöntemlerinin birçoğunda, gıdada bulunan suya, mikroorganizmaların kullanımı için elverişsiz bir nitelik kazandırılır. Bir gıdadaki suyun mikroorganizmalar tarafından kullanılabilirlik ölçüsü, su aktivitesi (a_w) kavramı ile açıklanmaktadır. Meyve ve sebzelerin güneşte kurutulmasında da amaç su aktivitesinin düşürülmesi ve muhafazanın kolaylaştırılmasıdır.

Bir gıdanın su aktivitesi, o gıdanın su buharı basıncının, aynı sıcaklıktaki saf suyun buhar basıncına oranı olarak tanımlanmakta ve aşağıda verilen (2.1.) No'lu eşitlikle hesaplanmaktadır (Cemeroğlu ve Özkan 2004).

$$a_w = \frac{p}{p_o} \qquad (2.1.)$$

Burada;

a_w : Gıdanın su aktivitesi

p : Gıdanın su buharı basıncı

p_o : Gıda ile aynı sıcaklıktaki saf suyun buhar basıncı

Bir gıdanın su aktivitesi, o gıdanın bir yandan mikrobiyolojik stabilitesini belirlerken, diğer yandan da fiziksel, kimyasal ve biyolojik stabilitesini belirlemektedir. Gıdalarda bozulma etmeni mikroorganizmaların faaliyet gösterdikleri su aktivitesi alt sınırının; bakteriler için 0.90, mayalar için 0.85 ve küfler için 0.70–0.75 arasında olduğu kabul edilmektedir. Bunun dışında bazı kserofilik küf ve ozmofilik mayalar için bu sınır 0.61' e kadar düşebilmektedir. Su aktivitesi sınırları; kurutulmuş meyvelerde 0.60–0.75, kurutulmuş yüksek nemli meyvelerde ise 0.75–0.85 arasında bulunmaktadır.

3. MATERYAL ve YÖNTEM

3.1 Materyal

3.1.1 Kayısı

Araştırmada materyal olarak; Malatya İnönü Üniversitesi "Kayısı Araştırma ve Uygulama Merkezi"ne bağlı "Kayısı Koleksiyon Bahçesi" den temin edilen taze kayısılar (*Prunus armeniaca* L.) kullanılmıştır. Bu amaçla Malatya yöremizde en fazla yetiştirilen ve kurutulan "Hacıhaliloğlu" ve "Kabaaşı" çeşitleri tercih edilmiştir. Her iki çeşidin aynı yıl denemeye alınması mümkün olmadığı için, birinci yıl "Hacıhaliloğlu," ikinci yıl ise, "Kabaaşı" çeşidi denemeye alınmıştır.

3.1.2 Kimyasallar

HPLC ile tanımlamada kullanılan standart maddelerden β-karoten, Sigma firmasından (St. Louis, MO, A.B.D), 5-hidroksimetil 2-furanaldehit (5-HMF) ise, Merck firmasından (Darmstad, Almanya) satın alınmıştır.

Ekstraksiyon işlemlerinde kullanılan tüm solventler, HPLC saflığında (HPLC grade) olup, Merck (Darmstad, Almanya) firmasından temin edilmiştir. Kuru kayısılarda yapılan diğer analizlerde; Merck firmasından temin edilen ya analitik saflıkta (a.g, analytical grade) ya da yüksek saflıkta (extra pure) kimyasallar kullanılmıştır.

3.2 Yöntem

3.2.1 Materyalin hazırlanması

Kayısıların kükürtlenmesi

Taze kayısılar, "Malatya Meyvecilik Araştırma Enstitüsü"nde kükürtlenerek kurutulmuştur. Bu amaçla üç farklı kükürtleme yöntemi uygulanmıştır. Bu yöntemler; "geleneksel yöntemle kükürtleme," "tüpte sıvılaştırılmış SO_2 gazı ile kükürtleme" ve "sodyum metabisülfit ($Na_2S_2O_5$) çözeltisine daldırarak kükürtleme" dir. Bu çalışmada kuru kayısıların 2000 mg kg^{-1} (ppm) SO_2 içermesi öngörülmüş ve her üç kükürtleme yönteminde de bu değeri sağlamak için ön denemeler yapılmıştır.

Geleneksel yöntemle kükürtleme

Bu yöntemde; taze kayısılar yöresel isimlendirme ile "islim odası" ya da "islim damı" denen ve bu amaç için özel olarak yapılmış, gaz sızdırmayan bir odada (kükürtleme odası) elementer kükürdün yakılmasıyla oluşan SO_2 atmosferinde tutularak kükürtlenmiştir. Bu amaçla 2.5 x 2.5 x 2.2 m (13.75 m^3) boyutlarında betondan yapılmış bir kükürtleme odasından yararlanılmıştır. Bir kısım taze kayısı, 90 x 90 cm ve geri kalan kayısı ise, 90 x 180 cm boyutlarında, kavak ağacından yapılmış, 5 cm çıta kalınlığındaki kerevetlere tek sıra halinde serilerek kükürtleme odasına alınmıştır.

Kükürtleme işleminde elementer toz kükürt kullanılmış ve 1.8 kg/ton düzeyindeki kükürt, kükürtleme odasının tabanında bulunan ocak üzerindeki metal bir kap içinde yakılarak SO_2 gazı oluşturulmuştur.

Bunun için, kerevetlere konulan taze kayısılar kükürtleme odasına alınmış, ısıtılarak önce eritilen kükürt, bir kibrit yardımı ile yakılmış ve odanın kapısı hemen kapatılmıştır. Kayısılar daha sonra 12 saat süreyle SO_2 gazı atmosferinde tutulmuştur. Bu süre sonunda, kükürtleme odasının kapısı açılarak oda iyice havalandırılmış ve kükürtlenmiş kayısılar oda dışına çıkarılmıştır.

Tüpte sıvılaştırılmış SO_2 gazı ile kükürtleme

İkinci yöntemde kükürtlemede, sıvılaştırılmış SO_2 gazından yararlanılmıştır. Bu amaçla; önce kükürtleme odasında bazı önlemler alınmıştır. Kükürt dioksitin eşit düzeyde bir şekilde dağılımını sağlamak için, odaya bir fan, ve kükürt absorpsiyonunu hızlandırmak için odaya ayrıca bir ısıtıcı yerleştirilmiştir. Ayrıca sıcaklık ve nem ölçümü için odaya termokapıl ve higrometre konmuştur. Kerevetler üzerine tek sıra olarak yayılan taze kayısılar, kükürtleme odasına yerleştirilmiş ve odaya verilen kükürt miktarı, bir kantar üzerindeki sıvı SO_2 tüpünün ağırlığındaki azalma izlenerek kontrol edilmiştir. Kükürtleme odasına hedeflenen düzeyde SO_2 gazının verilmesinden sonra SO_2 tüpünün vanası kapatılmış ve kayısılar 3.5 saat süreyle SO_2 gazı atmosferinde tutularak kükürtleme işlemi tamamlanmıştır.

Sodyum metabisülfit ($Na_2S_2O_5$) çözeltisine daldırarak kükürtleme

Bu amaçla, suda çözününce SO_2 gazı veren, yani suda sülfüroz asit (H_2SO_3) oluşturan, sodyum metabisülfit ($Na_2S_2O_5$)'ten yararlanılmıştır.

Bu amaçla $Na_2S_2O_5$'ten, %12 (w/v) konsantrasyonda çözelti hazırlanmıştır (3 kg $Na_2S_2O_5$/25 L su). Bu çözeltiye toplam 13 kg taze kayısı 35 dakika süreyle daldırılarak kükürtleme işlemi yapılmıştır.

Kayısıların Kurutulması

Yukarıda değinildiği gibi değişik metodlarla kükürtlenen kayısılar sergi yerlerine (kurutma alanı) alınmış ve kerevetler üzerinde güneşte kurutmaya bırakılmıştır. 3 gün sonunda kısmen kurumuş kayısıların çekirdekleri, tek tek elle çıkarılmış (pıtlatma), şekil verilmiş (patikleme) ve şekil verilen kayısıların nem içeriği %15'e düşene kadar yeniden 2–3 gün süreyle güneşte kurutulmuşlardır.

Kurutulmuş kayısılar, daha sonra ambalajlanarak depolama çalışmalarının ve analizlerin yapılacağı Ankara Üniversitesi, Mühendislik Fakültesi, Gıda Mühendisliği Bölümü'ne getirilmiştir. Kurutulmuş kayısılar iyice harmanlandıktan sonra, nemin dengeye gelmesi için 50 L'lik ağzı tam olarak kapanabilen plastik kaplar içerisinde oda sıcaklığında 1 ay süreyle bekletilmiştir.

Rehidrasyon İşlemi

Rehidrasyon işleminden önce; zedelenmiş, aşırı kuru veya çok nemli, çok açık veya çok koyu renkli kayısılar tek tek elle seçilerek ayrılmıştır. Böylece homojen bir örnek kitlesi oluşturulmaya gayret edilmiştir.

Bekleme süresi sonunda denge nemine eriştiği varsayılan kuru kayısı örneklerinin nem miktarları titizlikle belirlenmiştir. "Geleneksel yöntemle," "tüpte sıvılaştırılmış SO_2 gazı ile" ve "$Na_2S_2O_5$ çözeltisine daldırarak" kükürtlenen kayısıların; sırasıyla %14.9, %15.0 ve %13.0 düzeyinde nem içerdiği saptanmıştır.

Malatya yöremizde kuru kayısıların depolamaya alındığı anda, genelde %20–23 düzeyinde nem içerdiği göz önüne alınarak, bu çalışmada da kuru kayısıların depolamaya alınmadan önce, uygulamada paralellik açısından bu nem düzeyine kadar nemlendirilmesinin uygun olacağı düşünülerek kayısılar rehidre edilmiştir.

Üç farklı yöntemle kükürtlenip, kurutulan kayısı örneklerinin her birisi için gerekli rehidrasyon süresi ayrı ayrı belirlenmiştir. Ön denemelerde 1'er kg örnek kitlesi tartılarak, sentetik materyalden yapılmış keselere konulmuş, 20°C'deki damıtık su içine farklı sürelerde daldırılmış ve bu süreler sonunda, yüzey suları silinerek uzaklaştırılmıştır.

Örneklerin rehidrasyon deneyinin başlangıcında ve sonunda tartılması suretiyle ağırlık artışı da dikkate alınarak örneklerdeki nem miktarları hesaplanmıştır. Yapılan ön denemeler sonucunda, "Geleneksel yöntemle," "tüpte sıvılaştırılmış SO_2 gazı ile" ve "$Na_2S_2O_5$ çözeltisine daldırılarak" kükürtlenen kayısıların sırasıyla 6.0 dak., 5.5 dak. ve 7.5 dak. süreyle rehidre edilmesinin amacı karşıladığı saptanmıştır. Daha sonra, belirlenen bu süreler dikkate alınarak, her bir kükürtleme yöntemi için 2'şer kg'lık partiler halinde rehidrasyon işlemi yapılmıştır.

Ambalajlama ve Depolama

Rehidrasyon işlemi sonunda hedeflenen nem içeriğine getirilen kayısılar, nemin dengeye gelmesi için ağzı sıkıca kapanabilen plastik kaplar içinde yeniden 2 hafta süreyle bekletilmiştir. Bu süre sonunda nem analizi yapılarak, örneklerin bundan sonra yapılacak olan depolama deneyleri için başlangıç nemleri belirlenmiştir.

Nemlendirilmiş kuru kayısılar, 1'er kg'lık polietilen torbalara konulmuş, torbaların ağızları, sıcak kapama yöntemiyle kapatıldıktan sonra 2 kg'lık karton kutulara yerleştirilmiştir. Bu şekilde bir iç ve dış ambalaj seçimi, ülkemizden kuru kayısı ihracındaki uygulama göz önüne alınarak yapılmıştır. Böylece her üç farklı kükürtleme yöntemi ile kükürtlenip kurutulmuş kayısılardan hazırlanmış karton kutular içindeki örnekler +5°C, 20°C ve 30°C olmak üzere 3 farklı sıcaklıkta depolanmıştır. Bu amaçla, sıcaklık salınımı ±1°C olan soğutmalı inkübatörler (Sanyo MIR 253, Gunma, Japonya) kullanılmıştır.

Her ne kadar örneklerin denge nemine erişmesi için 2 hafta süreyle beklenmiş olsa da, nem ve renk içeriği bakımından kayısılar arasındaki farklılıklar tamamen ortadan kaldırılamamıştır. Bu nedenle tüm depolama süresi boyunca nem ve renk tayinlerinin aynı örneklerde yürütülebilmesi amacıyla her bir sıcaklık derecesi için birisi sadece renk, diğeri nem tayini için kullanmak amacıyla 2 ayrı örnek kitlesi oluşturulmuştur. Bu şekilde; renk ve nem analizlerinin hep aynı kitlede yapılması ile örnek kitleleri arasındaki farklıkların da minimize edilebileceği öngörülmüştür.

Depolama süresince örneklerdeki nem miktarının belirlenmesi amacıyla, her bir depolama sıcaklığı ve kükürtleme yöntemi için 10'ar adet kuru kayısı alınmış, kayısıların başlangıç ağırlıkları hassas bir terazide (Mettler Toledo XS 205, Greifensee, İsviçre) tartılarak belirlenmiştir.

Tartılan örnekler bekletilmeksizin plastik ambalajlara konulmuş, ambalajların ağzı sıcak kapama yöntemi ile kapatıldıktan sonra diğer örneklerde olduğu gibi karton kutulara konularak inkübatörlerde depolanmaya bırakılmıştır.

Bütün bu işlemlerde kayısılara eldiven giyilerek dokunulmuş ve böylece elden, ağırlığı değiştirecek herhangi bir etki engellenmiştir.

Benzer şekilde renk analizleri için de, 20'şer adet kuru kayısı alınmış ve bu kayısıların renkleri belirlendikten sonra eldivenle, bekletilmeksizin aynı plastik ambalajlara konulmuş ve ambalajların ağzı yine sıcak kapama yöntemi ile kapatıldıktan sonra diğer örneklerde olduğu gibi karton kutulara konularak inkübatörlerde depolanmaya bırakılmıştır.

3.2.2 Fiziksel analizler

3.2.2.1 Nem tayini

A.O.A.C. (2000) tarafından önerilen 920-149 No'lu gravimetrik yönteme göre yapılmıştır. Bu amaçla; denge nemine erişmesi için 2 hafta bekletilen kuru kayısılardan 1 kg örnek alınmış ve 4 mm çapında delikleri bulunan ayna kullanılan kıyma makinesinden 2 defa çekilerek homojen bir kitle elde edilmiştir.

Nem tayininde; 85 mm çapında ve kapakları sıkıca kapanabilen alüminyum kurutma kapları kullanılmıştır. Kurutma kaplarına 2'şer g yıkanmış ve yakılmış deniz kumu konularak, 110 • C±1°C'deki etüvd.e (Memmert ULM 500, Schwabach, Almanya) 2 saat süreyle kurutulmuştur. Bu süre sonunda, kurutma kaplarının kapakları kapatılarak desikatörde soğutulmuş ve kapların, kumla birlikte daraları kaydedilmiştir.

Değirmenden çekilerek homojen hale getirilmiş kayısı kitlesinden hassas bir terazi yardımıyla kurutma kaplarına • 0.001 g duyarlılıkla 5'er g örnek tartılmış ve üzerlerine bir miktar ılık su ilave edilmiştir.

Bir cam baget yardımıyla deniz kumu ve örnek birlikte karıştırılarak bulamaç haline getirilmiştir. Karıştırmada kullanılan cam baget de yeterli miktarda ılık su ile kurutma kabına yıkanıp geri alınmıştır. Kurutma kapları; önce kaynamakta olan su banyosu (Memmert WB 14, Schwabach, Almanya) üzerinde serbest su buharlaşana kadar, daha sonra da vakumlu etüvd.e (Heraeus VT 6025, Hanau, Almanya) 70°C±0.5°C'de ve 100 mm-Hg basınç altında sabit ağırlığa ulaşıncaya kadar kurutulmuştur.

Kurutma sırasında etüve, nemi azaltılmış hava sürekli olarak verilmiştir. Bunun için dış ortam havası, içerisinde nem tutucu olarak teknik sülfürik asit (H_2SO_4) bulunan bir şişeden saniyede 2 kabarcık oluşturacak şekilde geçirildikten sonra etüve verilmiştir. Kayısı örnekleri sabit ağırlığa 15 saatlik bir kurutma süresi sonunda ulaşmışlardır. Kurutma işlemi sona erince, kurutma kaplarının kapakları kapatılarak desikatörde soğutulduktan sonra hassas terazide tartılmıştır. İlk ve son tartımlar arasındaki farktan örneklerdeki nem oranı yaş ağırlık bazında hesaplanmıştır. Nem tayini analizleri 3 paralel olarak yürütülmüştür.

3.2.2.2 Su aktivitesi tayini

Örneklerin su aktivitesi değerleri, su aktivitesi ölçme cihazı (Thermoconstanter Novasina TH 200, Zürih, İsviçre) kullanılarak belirlenmiştir. Ölçümler 25°C'de yapılmıştır.

3.2.2.3 pH tayini

pH değeri, potansiyometrik olarak pH-metre (WTW Inolab Level 1, Weilheim, Almanya) ile Cemeroğlu (2007) tarafından önerilen yönteme göre belirlenmiştir. Bu amaçla homojen haldeki kayısı kitlesinden 10 g örnek alınarak 90 mL destile su içinde 1 gün süreyle +4°C'de rehidrasyona bırakılmıştır. Bu karışım, daha sonra yüksek devirli bir blenderde (Osterizer, Meksika) 5 dak. süreyle homojenize edilmiş ve ardından kaba filtre kağıdından filtre edilmiştir. Elde edilen filtrat, hem pH hem de titrasyon asitliği tayinlerinde kullanılmıştır.

3.2.2.4 Renk ölçümleri

Bu amaçla, reflektans spektrofotometresinde (Minolta CM-3600d, Osaka, Japonya) CIE L*a*b* sistemi kullanılarak ölçüm yapılmış ve a* ve b* değerinden, C* (chroma, renk yoğunluğu) ve h° (hue, renk tonu) değerleri aşağıda verilen 3.1. ve 3.2. No'lu eşitliklere göre hesaplanmıştır.

$$C^* = (a^{*2} + b^{*2})^{1/2} \quad (3.1.)$$

$$h° = \tan^{-1}(b^*/a^*) \quad (3.2.)$$

"Ambalaj ve Depolama" başlığı altında açıklandığı gibi, her bir kükürtleme yöntemi ve depolama sıcaklığı için 20'şer adet kuru kayısı alınmış ve renk analizleri tüm depolama süresince aynı örnek kitlesinde yapılmıştır. Hep aynı kayısılarda renk ölçümünün yapılmasıyla, her ölçümde tesadüfen alınacak örneklerde zaten var olan farklılığın sonuca yanlış yansıması böylece engellenmiştir. Kayısı örneklerinin her iki yüzünde de ayrı ayrı renk ölçümü yapılmıştır.

Spektrofotometre, beyaz seramik plakaya karşı her kullanımdan önce standardize edilmiştir. Işık kaynağı olarak CIE tarafından belirlenen C ışıtıcısı (Illuminant C) kullanılmıştır. Renk ölçümlerinde "Minolta CM-S100W Spectra Magic NX" 1.22 versiyonu bilgisayar programı kullanılmıştır. L*, a*, b*, C* ve h° değerlerine ilişkin aritmetik ortalama ve standart sapma değerleri bu program kullanılarak hesaplanmıştır.

3.2.3 Kimyasal analizler

3.2.3.1 Titrasyon asitliği

Titrasyon asitliği, pH-metre ile izlenerek yürütülen elektrometrik titrasyonla saptanmış ve bu analizde Cemeroğlu (2007) tarafından önerilen işlemler uygulanmıştır. Bu amaçla; yukarıda pH tayini için hazırlanışı belirtilen filtrattan 25 mL alınarak, ayarlı 0.1 *N* NaOH çözeltisi ile pH 8.1'e gelene kadar titre edilmiştir. Titrasyon asitliği, susuz sitrik asit cinsinden "g/100 g" olarak hesaplanmıştır.

3.2.3.2 Kükürt dioksit tayini

Monier Williams (1927) tarafından ortaya konulan ve Reith ve Willems tarafından 1958 yılında modifiye edilen destilasyon yöntemi uygulanmıştır (Gökçe 1966). Bu yönteme göre; kuru kayısıdaki kükürt dioksit (SO_2), hidroklorik asit (HCl) ile serbest hale geçirilmiş ve inert bir gaz olan azot (N_2) gazı atmosferinde destile edilerek, destilat balonundaki hidrojen peroksit (H_2O_2) ile sülfürik aside dönüştürülmüştür.

Oluşan asit, ayarlı NaOH çözeltisi ile titre edilmek suretiyle, harcanan baz miktarından kayısıdaki SO_2 miktarı hesaplanmıştır. SO_2 tayininde, yönteme özgü özel bir destilasyon düzeneği kullanılmıştır. Bu çalışmada Franzke *vd.* (1968) tarafından önerilen destilasyon düzeneği kullanılmıştır. Bu destilasyon sisteminde, destile edilen SO_2 gazının destilat balonunda tutulmasını sağlamak için 1 yerine 2 tane destilat toplama balonu kullanılmıştır.

N_2 gazının akış hızı deneyin en kritik faktörüdür. Bu yüzden N_2 gazının akış hızı destilasyon balonunda dakikada 40 kabarcık oluşturacak düzeyde ayarlanmıştır. Bundan hızlı veya yavaş gaz akışı sonuçların güvenirliği ve tekrar edilebilirliğini ortadan kaldırmaktadır (Özkan 2001).

Bu deney başlangıcında, destilasyondan önce 1 L'lik destilasyon balonuna 150 mL damıtık su konulmuş ve sisteme dakikada 40 kabarcık oluşturacak şekilde 15 dak. boyunca N_2 gazı verilmiş ve böylece ortamdaki SO_2'in, sülfata (SO_4^{-2}) oksidasyonuna neden olan oksijenin ortamdan uzaklaştırılması sağlanmıştır. Bu süre sonunda; daha önce belirtildiği şekilde kıyma makinasından geçirilerek hazırlanan homojen örnek kitlesinden hassas terazide yaklaşık 5 g (±0.001 g) örnek tartılmış ve bu örnek destilasyon balonuna aktarılarak ortamdan 5 dak. süreyle N_2 gazı akışına devam edilmiştir. Daha sonra balona 40 mL %15'lik HCl çözeltisi eklenerek balondaki karışım 45 dak. kaynamaya bırakılmıştır. Kaynama sonunda elde edilen destilat, az miktarda damıtık su ile yıkanarak bir erlenmayere aktarılmış ve bunzen bekinde 15 dak. süreyle kaynatılıp soğutulduktan sonra ayarlı NaOH çözeltisi ile titre edilmiştir. Analizler en az 2 paralelli olarak yürütülmüş ve gerektiğinde paralel sayısı artırılmıştır.

Yönetmeliklerde (Codex Alimentarius Commission 1981, Türk Gıda Kodeksi 1997) kuru kayısıların 2000 mg kg^{-1}'ı (ppm) geçmeyecek düzeyde SO_2 içerebileceği belirtilmektedir. Bu oran verilirken kuru kayısıların nem miktarı açık bir şekilde belirtilmiştir. Codex Alimentarius (1981)'a göre kükürt içermeyen kuru kayısılar %20'den, kükürt içeren kuru kayısılar ise, %25'ten fazla nem içermemelidir (Özkan 2001). TSE tarafından ortaya konulan kuru kayısı standardında (TS 485) da bu değerler kabul edilmektedir (TSE 2008). Kuru kayısıların SO_2 içerikleri hesaplanırken, ülkemizden ihraç edilen kuru kayısıların %23–24 nem içerdiği ve bu kayısıların SO_2 içeriklerinin belirlenirken bu nem oranına göre sonuçların verildiği de göz önüne alınmıştır. Örnekler arasında kıyaslama yapılabilmesi için, kuru kayısı örneklerinin SO_2 içerikleri, %25 nem içeriği temel alınarak aşağıda verilen 3.3. No'lu eşitliğe göre hesaplanmıştır.

$$SO_2\,(mg\ kg^{-1}) = \frac{V\,(3200)}{W} \tag{3.3.}$$

Burada :

V : Harcanan 0.1 *N* NaOH hacmi (mL),

3200 : SO_2'in molekül ağırlığı ile birim çevirisinden kaynaklanan sabit değer,

W : Örnek miktarı (g).

3.2.3.3 Esmerleşme düzeyinin belirlenmesi

Esmerleşme düzeyinin belirlenmesi için, Baloch *vd.* (1973) tarafından önerilen ve Özkan (2001) tarafından modifiye edilen yöntem kullanılmıştır.

Bu yöntemin ilkesi; esmerleşme reaksiyonları sonucunda oluşan suda çözünen kahverengi pigmentlerin, %1 formaldehit içeren %2'lik asetik asit çözeltisi ile ekstrakte edilmesi ve elde edilen ekstraktta bulunan ve sonuca etki eden karotenoid pigmentlerinin kurşun asetat ve etil alkol ile çöktürülmesine dayanmaktadır.

Kurutulmuş kayısıda bulunan SO_2'in, ekstraktta 420 nm dalga boyunda okunan absorbans değerini düşürme etkisini önlemek için, ekstraksiyonda kullanılan %2'lik asetik asit çözeltisinin %1 formaldehit içermesi öngörülmüştür. Aynı şekilde, kayısılarda fazla miktarda bulunan karotenoidlerin 420 nm okunan absorbans değerini artırma etkisini engellemek için de, kurşun asetat ve etil alkol ile çöktürme işlemi uygulanmıştır.

Daha önce tarif edildiği gibi kuru kayısıların değirmenden geçirilmesiyle elde edilen homojen kitleden yaklaşık 5 g (±0.001 g) örnek alınarak; 65 mL %1 formaldehit içeren %2'lik asetik asit içinde, +4°C'de 1 gece süreyle rehidrasyona bırakılmıştır. Bu karışım daha sonra 3 dak. süreyle yüksek devirli paslanmaz çelikten yapılmış bir blenderde (Waring, Torrington, A.B.D) homojenize edilmiştir. Blender aynı asetik asit çözeltisiyle iyice yıkandıktan sonra, elde edilen bulanık ekstrakt 8000 x *g*'de 15 dak. süreyle soğutmalı bir santrifüjde (Sigma 3K 15, Postfach, Almanya) santrifüjlenmiştir.

Santrifüj tüplerinin üstteki sıvı kısımları (supernatant) bir behere ayrılıp, üzerine 5 mL %10'luk kurşun asetat çözeltisi eklendikten sonra bir cam çubukla iyice karıştırılmıştır.

Bu karışım, aynı %2'lik asetik asit çözeltisi ile 100 mL'ye tamamlanmış ve bir defa daha aynı süre ve devirde santrifüjleme işlemi uygulanmıştır. Son olarak supernatant fazından 25 mL alınarak, 50 mL'lik ölçü balonuna aktarılmış ve etil alkol ile hacmine tamamlanmıştır. Bulanıklık öğeleri daha sonra 8000 x *g*'de 10 dak. süreyle yeniden santrifüjlenerek çöktürülmüştür. Böylece berrak bir sıvı elde edilmiştir.

Örneklerden hazırlanan ekstraktların absorbans değerleri, örnek ve şahitin aynı anda konulabildiği çift hüzmeli (double-beam) spektrofotometre (ThermoSpectronic Helios-α, Cambridge, İngiltere) kullanılarak belirlenmiştir. Absorbans ölçümleri, örneklerdeki esmerleşme düzeyinin belirlenmesi için 420 nm'de, artık çok düşük düzeyde bulunan bulanıklığın belirlenmesi için ise, 600 nm'de yapılmıştır.
Absorbans ölçümleri, şahit olarak %1 formaldehit içeren %2'lik asetik asit çözeltisine karşı yapılmıştır. Ölçümlerde, tabaka kalınlığı 1 cm olan quartz küvetler kullanılmıştır.

Esmerleşme düzeyi, 420 ve 600 nm'de okunan absorbans değerleri arasındaki farkın seyreltme faktörleri ile çarpılması ile aşağıda verilen 3.4. No'lu eşitliğe göre hesaplanmıştır.

$$A_{420}\, g^{-1} = \frac{(A_{420} - A_{600})\,(S_{f1})\,(S_{f2})}{W} \qquad (3.4.)$$

Yöntemde verilen ölçülere göre, S_{f1} ve S_{f2} değerleri aşağıdaki eşitliklerle hesaplanmıştır.

$$S_{f1} = \frac{100}{W}$$

$$S_{f2} = \frac{50}{25} = 2$$

Burada :

S_{f1} ve S_{f2} : Seyreltme faktörleri,
W: Kuru madde bazında örnek miktarı (g).

3.2.3.4 Hidroksimetil furfural (HMF) miktarının belirlenmesi

Kuru kayısılarda HMF miktarının belirlenmesinde, 3 aşamadan (ekstraksiyon, tanımlama ve hesaplama) oluşan HPLC yöntemi uygulanmıştır.

Ekstraksiyon

Bu amaçla Zappala *vd.* (2005) tarafından ortaya konan yöntem izlenmiş, ancak örnek hazırlama aşamasında tarafımızdan bazı değişiklikler yapılmıştır. Kıyma makinasından çekilerek homojenize edilmiş örnek kitlesinden yaklaşık 5 g (±0.001 g) alınarak, 15 mL damıtık su içinde +4°C'de 1 gece süreyle rehidrasyona bırakılmıştır. Bu karışım daha sonra, yüksek devirli bir homojenizatörde (Heildolph SilentCrusher M, Schwabach, Almanya) 3 dak. süreyle 13 500 rpm'de homojenize edilmiştir.

Homojenizatörün bıçakları su ile iyice yıkandıktan sonra, elde edilen süspansiyon 8000 x *g*'de 10 dak. süreyle santrifüjlenmiştir. Santrifüj tüpündeki berrak süpernatant fazı doğrudan 50 mL'lik ölçü balonuna alınıp, hacme tamamlanmıştır. Balondaki çözeltinin bir bölümü 0.45 µm gözenek çaplı PVD.F (polyvinylidene fluoride) filtreden (Millipore, Bedford, MA, A.B.D) filtre edilerek HPLC'in oto-örnekleme ünitesinde kullanılan amber renkli 2 mL'lik cam şişelere (vial) alınmış ve bekletilmeden HPLC'ye enjekte edilmiştir.

Tanımlama ve hesaplama

Kuru kayısılarda HMF'nin tanımlanması ve miktarlarının hesaplanmasında "yüksek performanslı sıvı kromatografisinden" (HPLC, Agilent 1200 Series, Waldbronn, Almanya) yararlanılmıştır. HPLC sistemi ikili (binary) pompa, foto dioderey dedektör (PDA, photo diyodarray dedector), +4°C sıcaklığa kadar örnekleri soğutabilen termostatlı oto-örnekleyici (thermostatted auto-sampler), gaz giderici (degasser) ve kolon fırınından (thermostatted column compartment) oluşmuştur. Elde edilen kromatogramlar "ChemStation rev.B.02.01" yazılım programı ile değerlendirilmiştir.

Kromatografi koşulları

- **Kolon** : Ters faz C_{18} kolon (250 x 4.6 mm, 5 μm) (Phenomenex, Los Angeles, CA, A.B.D)
- **Koruyucu kolon** : C_{18} koruyucu kolonu (4 x 3 mm, 5 μm) (Phenomenex, Los Angeles, CA, A.B.D)
- **Akış hızı** : 0.7 mL dak^{-1}
- **Elüsyon süresi** : 30 dak.
- **Enjeksiyon hacmi** : 50 μL
- **Dalga boyu** : 285 nm
- **Hareketli faz (mobile phase)** : Metanol:su (10:90, v/v) karışımı. Su, %1 asetik asit içerecek şekilde hazırlanmıştır. İzokratik akış söz konusudur.
- **Kolon sıcaklığı** : 25°C

Kromatogramlarda elde edilen HMF pikleri, standart maddenin kolondaki geliş süresi (retention time) ve PDA dedektöründe elde edilen UV spektrumlarının karşılaştırılmasıyla tanımlanmıştır. Örnekteki HMF miktarı, standart maddeden 6 farklı konsantrasyonda hazırlanan HMF çözeltilerinin HPLC cihazına enjekte edilmesi ile elde edilen standart eğriden yararlanılarak hesaplanmıştır.

3.2.3.5 β-karoten miktarının belirlenmesi

Kuru kayısılarda β-karoten miktarının belirlenmesinde yine 3 aşamadan (ekstraksiyon, tanımlama ve hesaplama) oluşan HPLC yöntemi uygulanmıştır.

Ekstraksiyon

Bu amaçla, Sadler *vd.* (1990) tarafından ortaya konulan ve örnek hazırlama aşamasında tarafımızdan bazı değişiklikler yapılmış yöntem kullanılmıştır.

Kıyma makinasından çekilerek öğütülen kuru kayısıdan 10 g örnek tartılmış ve 30 mL damıtık su içinde +4°C'de 1 gün süreyle rehidrasyona bırakılmıştır. Bu karışım, önce Waring blenderde 3 dak., daha sonra da yüksek devirli homojenizatörde 3 dak. süreyle 13 500 rpm'de homojenize edilmiştir. Hazırlanan bu homojenizattan yaklaşık 2 g (±0.001 g) örnek doğrudan ekstraksiyon işleminin yapılacağı polikarbonattan yapılmış santrifüj tüpüne tartılmıştır. Tartılan örnek üzerine 0.1 g $CaCO_3$ eklenerek ortam nötralize edilmiştir. Bu örnek üzerine, ekstraksiyon çözeltisinden (hekzan:aseton:etanol, 50:25:25, v/v/v) 25 mL eklenip, tüpler orbital çalkalayıcıda (Heildolph Unimax 2010, Schwabach, Almanya) 220 rpm devirde 15 dak. süreyle çalkalanarak ekstraksiyon işlemi gerçekleştirilmiştir. Bu süre sonunda dipteki kalıntının tamamen renksiz olduğu gözlenmiştir. Nihayet üzerine faz ayırımını hızlandırmak amacıyla 5 mL damıtık su ilave edilerek, 11 000 x *g*'de ve +4°C'de 15 dak. süreyle santrifüjlenerek, karotenoidleri içeren hekzan fazının ayrımı sağlanmıştır. Hekzan fazından amber renkli cam bir şişeye 5 mL aktarılmış ve azot gazı altında 40°C'de kurutulmuştur.

Geride kalan kalıntı, 200 µL tetrahidrofuran (THF, %0.01 bütillenmiş hidroksitoluen- BHT içeren) içinde çözündürülmüş ve 1800 µL metanol ile seyreltilmiştir. Karotenoidleri içeren bu çözelti 0.22 µm gözenek çapındaki teflon (PTFE, polytetrafloroetilen) filtreden (Sartorius AG, Goettingen, Almanya) filtre edilerek HPLC'nin oto-örnekleme ünitesinde kullanılan amber renkli 2 mL'lik cam şişelere alınmış ve bekletilmeden HPLC'ye enjekte edilmiştir.

Tanımlama ve hesaplama

Kuru kayısılarda β-karotenin tanımlanması ve miktarının hesaplanmasında kullanılan HPLC cihazının özellikleri yukarıda verilmiş bulunan HMF tayininde belirtilmiştir.

Kromatografi koşulları

- **Kolon** : Ters faz C_{30} kolonu (250 x 4.6 mm, 5 µm) (YMC Europe Gmbh, Schembeck, Almanya)
- **Koruyucu kolon** : C_{30} koruyucu kolon (10 x 4.6 mm, 5 µm) (Phenomenex, Los Angeles, CA, A.B.D)
- **Akış hızı** : 1.0 mL dak^{-1}
- **Elüsyon süresi** : 35 dak.
- **Enjeksiyon hacmi** : 50 µL
- **Dalga boyu** : 450 nm

- **Hareketli faz (mobile phase)** : Metanol:tersiyerbütilmetileter (65:35, v/v, %0.1 BHT içeren) karışımı. Tersiyerbütilmetileterin uçucu olması nedeniyle bir süre sonunda iki solvent arasındaki oran değişmektedir. Bunu önlemek amacıyla, solventler farklı şişelere konulmuş ve kullanılmadan hemen önce belirtilen oranda karıştırılarak sisteme verilmiştir. İzokratik akış söz konusudur.
- **Kolon sıcaklığı** : 30°C

Kromatogramda saptanan β-karoten piki, standart maddenin geliş süresi ve PDA dedektörü yardımıyla elde edilen UV spektrumlarının karşılaştırılmasıyla tanımlanmıştır. Örnekteki β-karoten miktarı, β-karoten standardı ile oluşturulan standart eğriden hesaplanmıştır. Kuru kayısıdaki β-karoten miktarı ise, örneğin seyreltme faktörü dikkate alınarak hesaplanmıştır.

3.2.4 Kinetik parametrelerin hesaplanması

Depolama süresince, SO_2 kaybı, esmer renk oluşumu ve yüzey rengi ile ilgili parametrelerin değişimlerinin kinetiği incelenmiştir. Kükürt dioksitin kaybının birinci derece kinetik modele, esmer renk oluşumu ile yüzey renginin değişmesi ile ilgili reaksiyonlarının ise, sıfırıncı derece kinetik modele uygun olarak geliştikleri belirlenmiştir. Bu nedenle sıfırıncı ve birinci derece kinetik modelleri tanımlayan 3.5. ve 3.6. No'lu differansiyel eşitliklerin integrali alınarak elde edilen 3.7. (sıfırıncı derece) ve 3.8. (birinci derece) No'lu eşitlikler kullanılmıştır.

$$-\frac{dC}{Dt} = k_o \text{ (kayıp)} \quad \text{veya;} \quad +\frac{dC}{Dt} = k_o \text{ (oluşum)} \qquad (3.5.)$$

$$-\frac{dC}{Dt} = k_1 C \text{ (kayıp)} \quad \text{veya;} \quad +\frac{dC}{Dt} = k_1 C \text{ (oluşum)} \qquad (3.6.)$$

$$C = -k_o t + C_o \text{ (kayıp)} \quad \text{veya;} \quad C = k_o t + C_o \text{ (oluşum)} \qquad (3.7.)$$

$$\ln C = -k_1 t + \ln C_o \text{ (kayıp)} \quad \text{veya;} \quad \ln C = k_1 t + \ln C_o \text{ (oluşum)} \qquad (3.8.)$$

Burada :

C_o: İncelenen bileşenin veya özelliğin başlangıç konsantrasyonu,

C : İncelenen bileşenin veya özelliğin *t* süre sonundaki konsantrasyonu,

k : Reaksiyon hız sabiti,

t : Süre.

Kinetik parametrelerin hesaplanmasında Özkan ve Cemeroğlu (2004) tarafından verilen hesaplama yöntemlerinden yararlanılmıştır.

Reaksiyon hız sabitinin (k) hesaplanması

Esmer renk oluşumu ile yüzey rengine ilişkin değerler "y" eksenine, süreler "x" eksenine işlenerek, aritmetik ölçekli bir grafikte doğrusal bir eğri elde edilmiştir. Aynı şekilde, bu kez kükürt dioksit konsantrasyonuna ilişkin orijinal deney verileri herhangi bir transformasyon işlemi yapılmadan doğrudan 10 tabanına göre düzenlenmiş yarı-logaritmik bir grafik kağıdının logaritmik ölçekli "y" eksenine, süreler ise aritmetik ölçekli "x" eksenine işlenerek doğrusal bir eğri elde edilmiştir.

Elde edilen bu eğrilere doğrusal regresyon analizi uygulanarak eğrileri tanımlayan eşitlikler hesaplanmış ve elde edilen eşitliklerin eğim değerleri kullanılarak aşağıda verilen 3.9. ve 3.10. No'lu eşitlikler yardımıyla reaksiyon hız sabitleri (k) hesaplanmıştır:

$$k_0 = \text{eğim} \quad \text{(Sıfırıncı derece için)} \tag{3.9.}$$

$$k_1 = \text{eğim}\ (2.303) \quad \text{(Birinci derece için)} \tag{3.10.}$$

Yarılanma süresinin ($t_{1/2}$) hesaplanması

Yarılanma süresi, incelenen kalite kriterinin %50'sini kaybetmesi için gerekli süre olup birinci derece kinetik modele uyan reaksiyonlar için 3.11. No'lu eşitliğe göre hesaplanmıştır:

$$t_{1/2} = \ln(0.5)\ k^{-1} \tag{3.11.}$$

Aktivasyon enerjisinin (E_a) hesaplanması

Reaksiyonun sıcaklığa bağımlılığı, 3.12. No'lu Arrhenius eşitliği yardımıyla aktivasyon enerjisinin (E_a) hesaplanmasıyla belirlenmiştir:

$$k = K_o\ e^{-Ea/RT} \tag{3.12.}$$

Hesaplamalarda 3.12. No'lu eşitliğin, 3.13. No'lu formu kullanılmıştır :

$$\ln k = \frac{-E_a}{R} \, \frac{1}{T} + \ln K_o \qquad (3.13.)$$

Burada :

k : Hız sabiti,

K_o : Frekans faktörü,

E_a : Aktivasyon enerjisi (kJ mol^{-1}),

R : Gaz sabiti (8.314×10^{-3} kJ mol^{-1} K^{-1}),

T : Sıcaklık (K).

Aktivasyon enerjisinin hesaplanması amacıyla, incelenmekte olan reaksiyona ilişkin farklı sıcaklıklardaki hız sabitlerinin (k) doğal logaritmaları (ln k) aritmetik ölçekli bir grafiğin "y" eksenine ve sıcaklık değerlerinin (Kelvin) resiprokali (1/T) aynı grafiğin "x" eksenine işlenerek, doğrusal bir eğri elde edilmiştir. Arrhenius grafiği denilen bu kurveye regresyon analizi uygulanmış ve elde edilen eşitliğin eğimi ile gaz sabiti çarpılarak, aktivasyon enerjisi hesaplanmıştır.

Q_{10} değerinin hesaplanması

Reaksiyonun sıcaklığa bağımlılık düzeyini gösteren diğer bir boyut olan Q_{10} değerinin hesaplanmasında ise, 3.14. No'lu eşitlik kullanılmıştır :

$$Q_{10} = (k_2/k_1)^{10/(T2-T1)} \qquad (3.14.)$$

Burada:

k_1 : T_1 derecedeki hız sabiti,

k_2 : T_2 derecedeki hız sabiti.

3.2.5 İstatistik değerlendirme

Farklı yöntemlerle kükürtlenen kuru kayısıların farklı sıcaklıklarda depolanmasının çeşitli kalite kriterleri (SO_2, esmerleşme, yüzey rengi, β-karoten, titrasyon asitliği ve pH) üzerine etkisi ile ilgili veriler, faktöriyel düzende varyans analiz tekniği kullanılarak değerlendirilmiştir. Varyans analiz sonucuna göre, Duncan çoklu karşılaştırma testi kullanılarak gruplar arası farklılıklar kontrol edilmiştir. Bu çalışmada; çeşit faktörünün 2 seviyesi (Hacıhaliloğlu ve Kabaaşı), sıcaklık faktörünün 3 seviyesi (5°C, 20°C ve 30°C), süre faktörünün 6 seviyesi (0, 2, 4, 6, 8 ve 12 ay) ve grup faktörünün de 3 seviyesi (geleneksel yöntemle kükürtleme, tüpte sıvılaştırılmış SO_2 gazı ile kükürtleme ve Na_2SO_5 çözeltisine daldırarak kükürtleme) söz konusudur. Alt gruplardaki replikasyon sayısı; SO_2, esmerleşme, titrasyon asitliği analizlerinde 2; β-karoten analizinde 3 ve yüzey renk analizlerinde ise, 40'a eşittir. İstatistik testler için "Minitab for Windows (ver. 12, 1998)" ve "MSTAT (ver. 3.00, 1985)" paket programları kullanılmıştır.

4. BULGULAR

4.1 Nem Düzeyindeki Azalma

Farklı yöntemlerle kükürtlenen ve güneşte kurutulan Hacıhaliloğlu ve Kabaaşı çeşidi kayısıların 5°C, 20°C ve 30°C sıcaklıklarda 12 ay depolanması süresince nem oranlarının azalmasına ilişkin sonuçlar çizelge 4.1'de verilmiştir. Çizelge 4.1'de verilen eğim değerlerinin hesaplandığı grafikler ise, toplu olarak EK 1'de verilmiştir. Bununla birlikte, geleneksel yöntemle kükürtlenen Hacıhaliloğlu çeşidine ait kuru kayısıların depolanması süresince nem düzeyindeki değişimleri gösteren örnek bir grafik Şekil 4.1'de gösterilmiştir. Çizelge 4.1'de verilen eğim değerleri incelendiğinde, depolama sıcaklığına bağlı olarak kuru kayısıların nem miktarlarında belirgin azalmaların olduğu anlaşılmaktadır.

Şekil 4.1'de görüldüğü gibi, depolama süresindeki artışla nem miktarındaki azalma arasında doğrusal bir ilişki bulunmaktadır. Bu durum EK 1'de verilen grafiklerden de kolaylıkla görülebilir. 5°C'de depolanan kuru kayısıların nem miktarlarında, önemli bir değişme olmadığı görülmektedir (Şekil 4.1 ve EK 1). Buna karşın, 20°C'de depolanan kuru kayısıların nem düzeylerinde sınırlı düzeyde azalmalar saptanırken, 30°C'de depolamada önemli düzeyde nem kayıpları saptanmıştır (Şekil 4.1 ve EK 1). Depolama sıcaklıklarının, nem düzeyi üzerine etkisi çizelge 4.1'de verilen eğim değerlerinden kolaylıkla görülebilir. Bununla birlikte, farklı sıcaklıklarda 1 yıl depolama sonunda nem düzeyindeki yüzde azalma oranları kıyaslanarak da farklılıklar ortaya konulabilir.

Geleneksel yöntemle kükürtlenen Hacıhaliloğlu ve Kabaaşı çeşidi kuru kayısıların 20°C'de 12 ay süreyle depolanması sonunda nem miktarı sırasıyla %14.0 ve %13.5 oranında azalmaktadır. Aynı kayısıların 30°C'de aynı süreyle depolanması sonunda ise, nem miktarlarında sırasıyla %63.4 ve %45.1 düzeyinde azalma olduğu bulunmuştur.

Daha önce yapılan bir çalışmada (Sağırlı 2006); poliamid/polietilen ambalajlarda muhafaza edilen orta nemli kayısılarda nem miktarının 5°C'de %2.3, 20°C'de %8.8 ve 30°C'de %22.8 düzeyinde azaldığı saptanmıştır. Her 2 çalışmada da, depolama sıcaklığının kuru ve orta nemli kayısıların nem düzeyi üzerine benzer etkisinin olduğu saptanmasına karşın, araştırmamızda kullanılan kuru kayısı örnekleri depolama süresince daha fazla nem kaybetmiştir. Nem kaybındaki bu farklılık, kuru kayısıların depolanması sırasında kullanılan ambalaj materyalinin farklı olmasından kaynaklanmaktadır. Araştırmamızda, kuru kayısıların ihracatında yaygın olarak kullanılan nem geçirgenliği yüksek, polietilen ambalaj materyali kullanılmış, bu nedenle de nem miktarında depolama sıcaklığına bağlı olarak önemli kayıplar saptanmıştır. Orta nemli kayısıların ambalajlanmasında ise; nem geçirgenliği düşük, poliamid ambalaj materyali kullanılmıştır.

Gerek kükürtleme yöntemleri gerekse kayısı çeşitleri arasında depolama süresince nem düzeyindeki azalmalar açısından tutarlı bir ilişki saptanamamıştır.

Örneğin, geleneksel yöntemle, tüpte sıvılaştırılmış SO_2 gazı ile ve $Na_2S_2O_5$ çözeltisine daldırılarak kükürtlenen Hacıhaliloğlu çeşidi kuru kayısıların nem miktarı sırasıyla; 20°C'de %14.0, %21.8 ve %33.9; 30°C'de %63.4, %51.7 ve %66.8 oranında azalmış, buna karşın; Kabaaşı çeşidi kuru kayısılar için; aynı değerler 20°C'de %13.5, %14.9 ve %11.2; 30°C'de ise, %45.1, %42.6 ve %39.8 olarak belirlenmiştir.

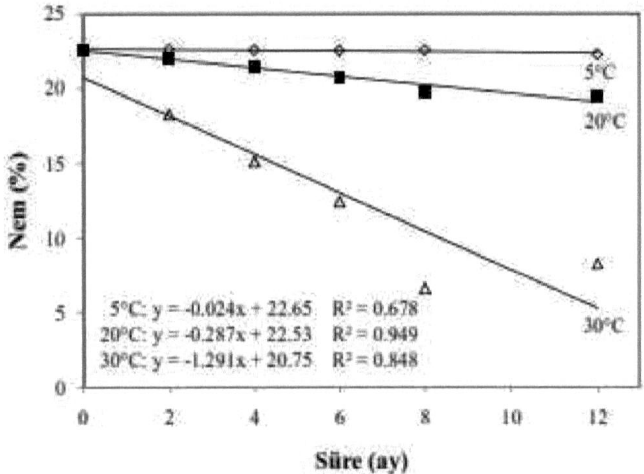

Şekil 4.1 Geleneksel yöntemle kükürtlenen Hacıhaliloğlu çeşidi kuru kayısıların farklı sıcaklıklarda depolanması süresince nem düzeylerindeki azalmalar

Çizelge 4.1 Farklı yöntemlerle kükürtlenen Hacıhaliloğlu ve Kabaaşı çeşidine ait kuru kayısıların farklı sıcaklıklarda depolanması süresince nem düzeylerindeki azalmaları gösteren eğim değerleri

Çeşit	Kükürtleme yöntemi	Depolama sıcaklığı (°C)	Eğim (% nem/ay)	Determinasyon katsayısı (R^2)
Hacıhaliloğlu	Geleneksel	5	-0.024	0.678
		20	-0.287	0.949
		30	-1.291	0.848
	Tüpte sıvılaştırılmış SO_2 gazı	5	-0.039	0.710
		20	-0.435	0.912
		30	-1.073	0.905
	$Na_2S_2O_5$ çözeltisi	5	-0.022	0.184
		20	-0.678	0.901
		30	-1.226	0.918
Kabaaşı	Geleneksel	5	0.007	0.387
		20	-0.203	0.964
		30	-0.646	0.871
	Tüpte sıvılaştırılmış SO_2 gazı	5	0.014	0.765
		20	-0.203	0.987
		30	-0.558	0.849
	$Na_2S_2O_5$ çözeltisi	5	0.027	0.936
		20	-0.140	0.966
		30	-0.467	0.879

4.2 Su Aktivitesi (a_w) Düzeyindeki Azalma

Farklı yöntemlerle kükürtlenen ve farklı sıcaklıklarda depolanan kuru kayısılarda yapılan su aktivitesi (a_w) analiz sonuçları toplu olarak EK 2'de verilmiştir. Gerek depolama sıcaklıklarının gerekse kükürtleme yöntemlerinin kuru kayısıların a_w değerleri üzerine etkileri Şekil 4.2 ve Şekil 4.3'de verilen grafiklerde gösterilmiştir. Araştırma sonuçları, kuru kayısıların a_w değerlerinin depolama sıcaklık ve süresine bağlı olarak azaldığını göstermiştir. Örneğin, geleneksel yöntemle kükürtlenip kurutulan Hacıhaliloğlu çeşidi kuru kayısıların a_w değerlerinin 12 ay depolama sonunda 0.69'dan, 5°C'de 0.67'ye, 20°C'de 0.67'ye ve 30°C'de ise, 0.45'e düştüğü saptanmıştır (EK 2).

Üç farklı yöntemle kükürtlenip kurutulan Hacıhaliloğlu ve Kabaaşı çeşidi kuru kayısıların 5°C'de 12 ay süreyle depolanması sonunda, a_w değerlerinin genellikle değişmediği saptanmıştır. Buna karşın; geleneksel yöntemle, SO_2 gazı ile ve $Na_2S_2O_5$ çözeltisine daldırılarak kükürtlenip kurutulan Hacıhaliloğlu çeşidi kayısılarda a_w değerlerinin 20°C'de sırasıyla %2.90, %4.41 ve %4.54; 30°C'de ise sırasıyla %34.78, %27.94 ve %27.27 azaldığı belirlenmiştir. Kabaaşı çeşidi kuru kayısılarda da, a_w değerlerinde kükürtleme yöntemlerine göre 20°C'de sırasıyla; %3.23, %5.00 ve %3.57'lik bir azalma meydana geldiği, 30°C'de azalma oranlarının %19.35, %18.33 ve %17.86 olduğu bulunmuştur.

Sağırlı (2006) tarafından yapılan bir çalışmada da; orta nemli kayısılarda, a_w değerlerinde benzer azalışlar saptanmıştır. Orta nemli kayısıların a_w değerleri 0.82'den; 5°C'de 0.78'e, 20°C'de 0.76'a ve 30°C'de 0.70'e düşmüştür.

Bilindiği gibi enzimatik olmayan esmerleşme reaksiyonları 0.60-0.70 a_w değerlerinde maksimuma ulaşmaktadır. Bu çalışmada, 30°C'de depolanan kuru kayısıların hızla esmerleşmesinin nedenlerinden birinin de, a_w değerlerinin depolama süresince bu a_w aralığına kısa sürede ulaşması olduğu bildirilmektedir.

Araştırmamızda kullanılan örneklerin a_w değerleri depolama süresince esmerleşmenin yoğun olarak görüldüğü sınırların da altına düşmüştür. Özellikle 30°C'de depolanan kuru kayısı örneklerinde meydana gelen yoğun esmerleşmenin, a_w değerlerinin belirtilen bu aralığa hızla düşmesinin yanında, depolama süresince esmerleşmeyi önleyen SO_2'in kaybından da kaynaklandığı düşünülmektedir.

Farklı yöntemlerle kükürtlenip kurutulan kayısıların depolama süresince a_w değerlerindeki azalış ile kükürtleme yöntemleri arasında tutarlı bir ilişki bulunamamıştır. Buna karşın, kayısı çeşitleri kıyaslandığında ise, Hacıhaliloğlu çeşidi kayısıların depolama süresince a_w değerlerinde daha fazla azalma saptanmıştır.

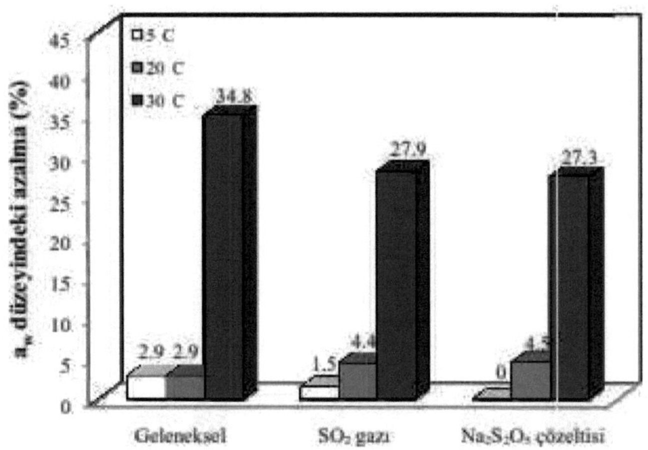

Şekil 4.2 Farklı yöntemlerle kükürtlenen Hacıhaliloğlu çeşidi kuru kayısılarda farklı sıcaklıklarda 12 ay depolama sonunda a_w değerlerindeki değişim (%)

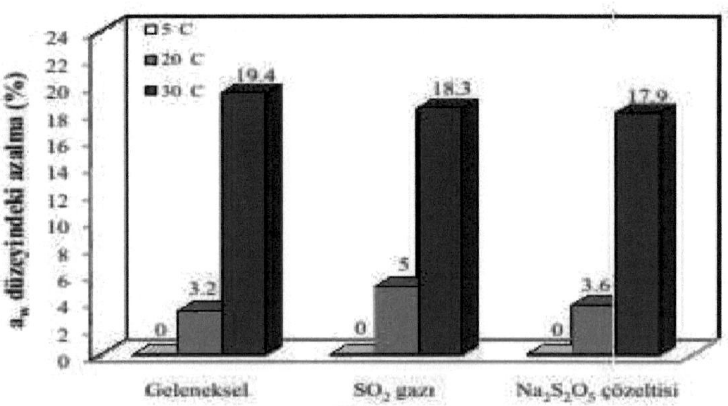

Şekil 4.3 Farklı yöntemlerle kükürtlenen Kabaaşı çeşidi kuru kayısılarda farklı sıcaklıklarda 12 ay depolama sonunda a_w değerlerindeki değişim (%)

4.3 SO_2 İçeriğindeki Azalma

Bilindiği gibi, kuru kayısılarda izin verilen SO_2 miktarı, ülkeden ülkeye değişmektedir. Kuru kayısı ihraç ettiğimiz; Almanya, İngiltere, A.B.D., Kanada gibi ülkelerde 2000–3000 mg kg^{-1} SO_2 düzeyine izin verilirken, birçok Avrupa ülkesinde en çok 1000 mg kg^{-1} hatta 300 mg kg^{-1} SO_2 düzeyine izin verilmektedir. Bununla birlikte, ülkemizde ise en çok 2000 mg kg^{-1} SO_2 düzeyine izin verilmektedir (Anonymous 1989, Anonim 1997).

Kuru kayısı standartında (*TS 485, 2008*); kükürt dioksit (SO_2) uygulaması yapılan kuru kayısılarda nem oranının en fazla %25 olabileceği öngörülmüştür. Ülkemizden ihraç edilen kuru kayısıların nem düzeyi %24-26 arasında bulunmaktadır (TSE 2008). Bu nedenle; gerek kıyaslama yapılabilmesi, gerekse de kuru kayısı ihracatında yönetmeliklerle belirlenmiş olan mevcut nem değerleri dikkate alınarak, araştırmamızda kuru kayısı örneklerindeki SO_2 miktarları %25 nem düzeyi temel alınarak hesaplanmıştır.

Üç farklı yöntemle kükürtlenen (geleneksel yöntem, SO_2 gazı ve $Na_2S_2O_5$ çözeltisine daldırma ile) Hacıhaliloğlu ve Kabaaşı çeşidi kayısıların; farklı sıcaklıklarda (5°C, 20°C ve 30°C) depolanması süresince, SO_2 içeriğindeki azalmaya ilişkin veriler; EK 3'te grafik olarak verilmiştir. Örnek olarak, geleneksel yöntemle kükürtlenen Hacıhaliloğlu çeşidi kayısılarda; depolama süresince SO_2 içeriğindeki azalmaya ilişkin grafikler ise, Şekil 4.4 ve Şekil 4.5'te verilmiştir. Bu grafiklerde görüldüğü gibi, her bir depolama sıcaklığı için SO_2 kaybına ilişkin değerlerin "y" eksenine, sürelerin "x" eksenine yerleştirilmesiyle, yarı-logaritmik ölçekli bir grafikte doğrusal bir eğri elde edilmiştir.

Bu durum, kuru kayısılardan SO_2'in depolama süresince kaybının birinci dereceden kinetik model ile tanımlanabileceğini göstermektedir. Bu amaçla, elde edilen verilere doğrusal regresyon analizi uygulanmış ve bu analiz sonucu elde edilen regresyon denklemleri ve determinasyon katsayıları (R^2) grafiklerin üzerinde gösterilmiştir.

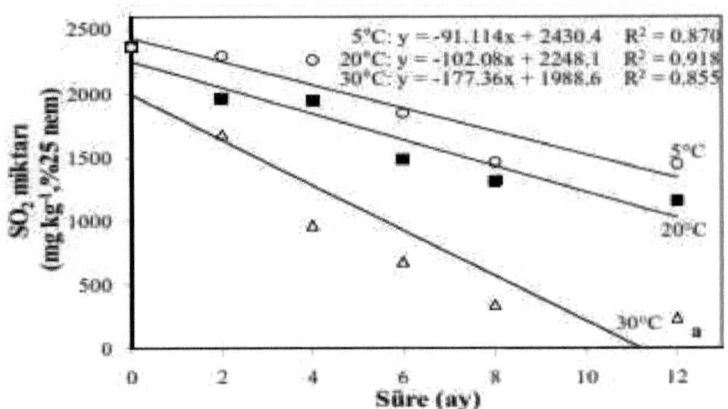

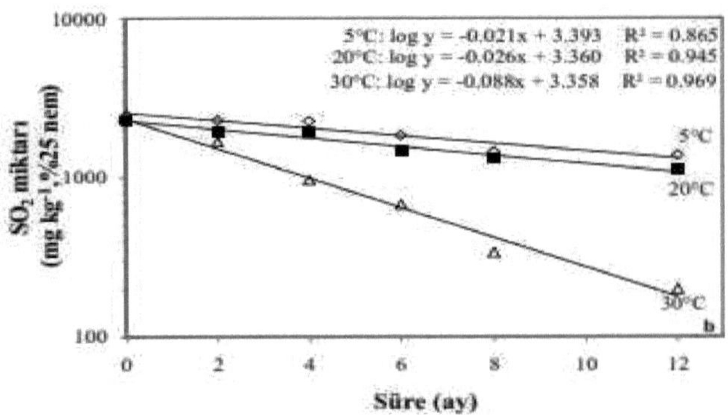

Şekil 4.4 Geleneksel yöntemle kükürtlenen Hacıhaliloğlu çeşidi kayısıların farklı sıcaklıklarda depolanması süresince SO_2 miktarındaki azalma
a- Linear b- Logaritmik

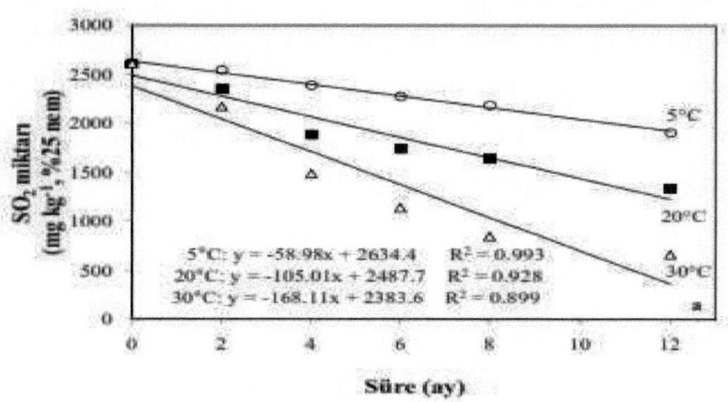

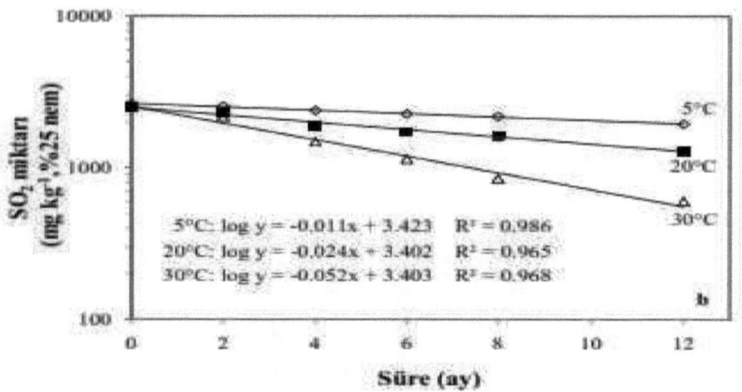

Şekil 4.5 Geleneksel yöntemle kükürtlenen Kabaaşı çeşidi kayısıların farklı sıcaklıklarda depolanması süresince SO_2 miktarındaki azalma
a- Linear b- Logaritmik

Yapılan çalışmalarda da; kuru kayısıların gerek yığın olarak açıkta depolanması (Stadtman *vd.* 1946) gerekse de ambalaj içinde depolanması (Davis *vd.* 1973) boyunca, SO_2 kaybının birinci derece kinetik modele uygun olarak gerçekleştiği belirtilmiştir. Benzer şekilde; 5°C, 20°C ve 30°C sıcaklıklarda 8 ay boyunca depolanan orta nemli kayısılardan SO_2'in uzaklaşması da birinci dereceden kinetik modelle tanımlanmıştır (Sağırlı *vd.* 2006).

Ayrıca; kuru kayısılardan SO_2'in uzaklaştırılması amacıyla yapılan bir araştırmada ise; kuru kayısılar 40°C, 50°C ve 60°C'lerdeki kuru hava akımında tutulmuş ve bu sıcaklıklarda SO_2'in uzaklaşmasının hem sıfırıncı ve hem de birinci derece kinetik modele uyduğu gösterilmiştir (Özkan ve Cemeroğlu 2002).

Araştırmamızda uygulanan 3 farklı depolama sıcaklığının; SO_2 kaybına etki düzeyi, Şekil 4.4-4.5'te verilen grafiklerdeki eğimlerden görülmektedir. Ancak, bu durumu daha iyi açıklayabilmek için; 5°C, 20°C ve 30°C sıcaklıklarda 12 ay depolama sonunda, kayısılardaki SO_2 miktarlarının yüzde azalma oranları Hacıhaliloğlu çeşidi için Şekil 4.6 ve Kabaaşı çeşidi için ise Şekil 4.7'de verilen histogramlarda gösterilmiştir.

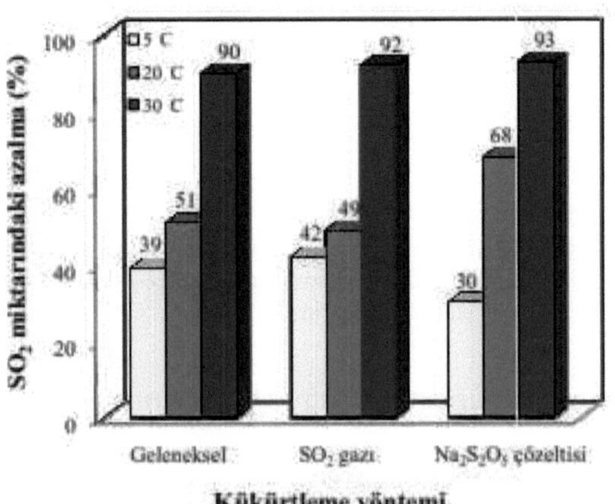

Şekil 4.6 Hacıhaliloğlu çeşidi kayısıların farklı sıcaklıklarda 12 ay depolanması süresince SO_2 miktarındaki % azalma oranları

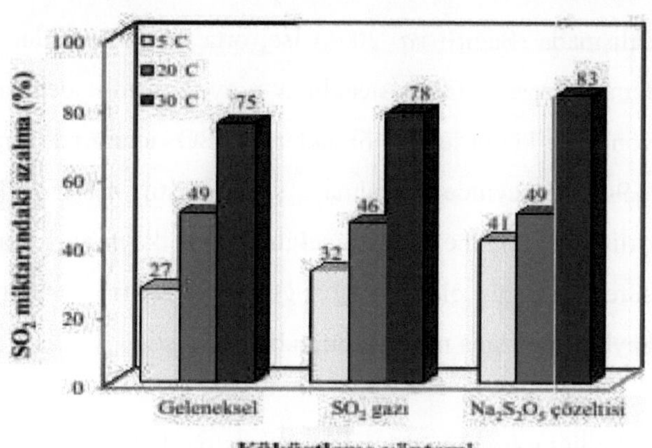

Şekil 4.7 Kabaaşı çeşidi kayısıların farklı sıcaklıklarda 12 ay depolanması süresince SO_2 miktarındaki % azalma oranları

Bu çalışmada; farklı sıcaklıklarda 12 ay depolanan Hacıhaliloğlu ve Kabaaşı kuru kayısı çeşitlerinin SO_2 miktarındaki en önemli azalışın, 30°C'de (%75–93) olduğu; bunu sırasıyla, 20°C (%46–68) ve 5°C (%27–42)'nin takip ettiği belirlenmiştir. Elde edilen bu veriler; depolama sıcaklığı yükseldikçe, kuru kayısılardan SO_2 kaybının arttığını göstermektedir.

Literatürde kuru kayısılardan SO_2 kaybının incelendiği başlıca 2 çalışmaya rastlanmıştır. Bunlardan; Stadtman *vd.* (1946) tarafından yapılan çalışmada, nem oranı %23 ve SO_2 içeriği 5350 mg kg^{-1} olan kuru kayısılar 5 farklı sıcaklıkta depolanmış (22.2°C, 27.8°C, 36.7°C, 41.8°C ve 49°C) ve 22°C'de yaklaşık 4 aylık depolama sonunda SO_2 düzeyinde %26, 27.8°C'de depolamada aynı süre sonunda %46, yaklaşık 9 ay sonunda ise %74'lük kayıp olduğu saptanmıştır.

Orta nemli kayısılardan SO_2 kaybının belirlenmesi amacıyla yürütülen bir çalışmada (Sağırlı *vd.* 2006) ise; orta nemli kayısılar 5°C, 20°C ve 30°C olmak üzere 3 farklı sıcaklıkta 8 ay süresince depolanmış ve geleneksel yöntemle kükürtlenmiş örneklerdeki SO_2 içeriğinde sırasıyla %16, %58 ve %94 düzeyinde azalma saptanmıştır. Her iki çalışmada da çalışmamızdakine benzer şekilde, SO_2 kaybının sıcaklığa ve depolama süresine bağlı olarak değiştiği ve depolama sıcaklığının artışının SO_2 kaybının artışına neden olduğu belirtilmiştir.

Bilindiği gibi, kükürt meyve-sebzelerde değişik amaçlarla kullanılmaktadır. Kayısılarda kullanılmasındaki başlıca amaç; en önemli kalite kriteri olan altın sarısı rengin korunması ve mikrobiyolojik stabilitenin sağlanmasıdır. Öyleyse, kuru kayısılardan SO_2 kaybının en aza indirilmesi ile kalitenin uzun süre korunabileceği açıktır. İşte bu nedenlerle, kuru kayısıların depolanması süresince depolama sıcaklığı 20°C'den düşük sıcaklıklarda, tercihen 5°C olmalıdır.

Depolama sıcaklıklarının SO_2'in kaybı üzerine etkisi, birinci dereceden hız sabitlerinin ve bu sabitlerden hesaplanan yarılanma sürelerinin ($t_{1/2}$) kıyaslanmasıyla da açıkça görülebilmektedir. Ayrıca, depolama süresince meydana gelen SO_2'in kaybının sıcaklığa bağlılığının saptanması amacıyla aktivasyon enerjisi (E_a) ve Q_{10} değerleri de hesaplanmıştır. Arrhenius grafiğinin oluşumuna ilişkin veriler EK 4'te ve diğer kinetik parametreler ise çizelge 4.2 - 4.3'te verilmiştir. Her iki çeşit kuru kayısıdan SO_2'in kaybına ilişkin reaksiyona ait Arrhenius grafikleri ise EK 5'te verilmiştir.

Çizelge 4.2'de görüldüğü gibi depolama sıcaklığı yükseldikçe, kuru kayısılardan SO_2'in uzaklaşma hızı artmaktadır. Geleneksel yöntemle kükürtlenen Hacıhaliloğlu çeşidi kayısılarda 5°C, 20°C ve 30°C sıcaklıklardaki SO_2'in kaybına ilişkin $t_{1/2}$ değerleri sırasıyla; 14, 12 ve 3 ay olarak saptanmıştır. Aynı değerler Kabaaşı çeşidi için 27, 13 ve 6 ay şeklinde belirlenmiştir (Çizelge 4.3). Stadtman *vd.* (1946) tarafından yapılan çalışmada ise; 22.2°C, 27.8°C, 36.7°C, 41.8°C ve 49°C'de depolanan kayısılardan SO_2 kaybına ilişkin yarı ömür süreleri sırasıyla; 292 gün, 140 gün, 42 gün, 22 gün ve 11 gün olarak saptanmıştır. Diğer bir çalışmada ise, SO_2'in kaybına ilişkin $t_{1/2}$ değerleri; 5°C, 20°C ve 30°C sıcaklıklarda sırasıyla; 35.8, 6.3 ve 2.1 ay olarak belirlenmiştir (Sağırlı *vd.* 2006).

E_a değerleri kıyaslandığında, 5°–30°C aralığında sıcaklık değişimlerinden Hacıhaliloğlu çeşidi için en fazla $Na_2S_2O_5$ çözeltisine daldırılarak ve tüpte sıvılaştırılmış SO_2 gazı ile kükürtlenen kuru kayısıların (60.25 ve 40.85 kJ mol^{-1}) etkilendiği sonucuna ulaşılmıştır.

Çizelge 4.2 Farklı yöntemlerle kükürtlenen Hacıhaliloğlu çeşidi kayısılardan SO_2'in kaybına ilişkin kinetik veriler

Kükürtleme yöntemi	Sıcaklık (°C)	k (ay^{-1})	$t_{1/2}$ (ay)	Q_{10} 5°–20°C	Q_{10} 20°–30°C	E_a (kJ mol^{-1})
Geleneksel	5	0.0484	14			
	20	0.0599	12	1.15	3.38	36.35
	30	0.2027	3			
SO_2 gazı	5	0.0415	17			
	20	0.0530	13	1.17	3.91	40.85
	30	0.2073	3			
$Na_2S_2O_5$ çöz. daldırarak	5	0.0276	25			
	20	0.0967	7	2.31	2.57	60.25
	30	0.2487	3			

Aynı şekilde Kabaaşı çeşidi incelendiğinde ise, en fazla geleneksel yöntemle ve tüpte sıvılaştırılmış SO_2 gazı ile kükürtlenen kuru kayısıların (42.12 ve 38.58 kJ mol^{-1}) etkilendiği sonucuna ulaşılmıştır.

Depolama sıcaklıklarının daha dar aralıkta kıyaslanması amacıyla ise Q_{10} değerleri kullanılmıştır. Depolama sıcaklığının 20°C'den 30°C'ye yükseltilmesi Hacıhaliloğlu çeşidi kuru kayısılardan SO_2'in uzaklaşma hızını, sıcaklığın 5°C'den 20°C'ye çıkarılmasına göre; geleneksel yöntemde 2.9 misli, tüpte sıvılaştırılmış SO_2 gazı ile kükürtlemede 3.3 misli, $Na_2S_2O_5$ çözeltisine daldırılarak kükürtlemede ise 1.1 misli yükseltmiş bulunmaktadır.

Aynı değerler, Kabaaşı çeşidinde; geleneksel yöntemde 1.3 misli, tüpte sıvılaştırılmış SO_2 gazı ile kükürtlemede 2.1 misli, $Na_2S_2O_5$ çözeltisine daldırılarak kükürtlemede ise 2.7 misli olarak saptanmıştır. Bu değerler, 20°C ile 30°C arasında depolama sıcaklığındaki küçük bir değişimin bile kuru kayısılardan SO_2'in uzaklaşması üzerine çok önemli etkisinin olduğunu göstermektedir.

Çizelge 4.3 Farklı yöntemlerle kükürtlenen Kabaaşı çeşidi kayısılardan SO_2'in kaybına ilişkin kinetik veriler

	Sıcaklık	k	$t_{1/2}$	Q_{10}		E_a
Kükürtleme yöntemi	(°C)	(ay^{-1})	(ay)	5°–20°C	20°–30°C	(kJ mol^{-1})
Geleneksel	5	0.0253	27			
	20	0.0553	13	1.68	2.17	42.12
	30	0.1198	6			
SO_2 gazı	5	0.0299	23			
	20	0.0461	15	1.33	2.85	38.58
	30	0.1313	5			
$Na_2S_2O_5$ çöz. daldırarak	5	0.0438	16			
	20	0.0506	14	1.10	3.00	31.38
	30	0.1520	5			

Kuru kayısılardan SO_2 kaybı üzerine depolama sıcaklığı ve depolama süresinin etkisine ilişkin varyans analiz sonuçları EK 11'de verilmiştir. Bu sonuçlar, SO_2 kaybı için "sıcaklık × süre" interaksiyonunun istatistik olarak önemli olduğunu göstermiştir ($p<0.01$). Bunun anlamı, sıcaklıklar arasındaki farkların sürelere göre değiştiği veya bir başka deyişle sürelerin ortalamaları arasındaki farkların sıcaklıktan sıcaklığa değiştiğidir.

Bundan dolayı, sürelere göre SO_2 içeriklerinin ortalamaları arasındaki farkların istatistik olarak önemli olup olmadığı 5°C, 20°C ve 30°C'de ayrı ayrı irdelenmiştir. Benzer şekilde; 5°C, 20°C ve 30°C'deki SO_2 içeriklerinin ortalamaları arasındaki farkların irdelenmesi de 6 farklı depolama süresinde ayrı ayrı yapılmıştır. Duncan testi sonuçlarına göre (Çizelge 4.4 - 4.5, EK 9); her bir depolama süresinde depolama sıcaklıklarındaki SO_2 düzeyleri karşılaştırıldığında, ortalamalar arasında önemli farklar olduğu görülmüştür ($p<0.01$). Bu sonuçlar, depolama süresince SO_2 düzeyinde meydana gelen değişim için "sıcaklık x süre" interaksiyonunun istatistiksel olarak önemli olduğunu göstermiştir ($p<0.01$).

Kükürtleme yöntemleri açısından incelendiğinde ise, kuru kayısıların SO_2 miktarındaki en önemli azalış $Na_2S_2O_5$ çözeltisine daldırılarak (%30–93) kükürtlenen kayısılarda gözlemlenmiştir. Bunu sırasıyla, tüpte sıvılaştırılmış SO_2 gazı ile (%32–92) ve geleneksel yöntemle (%27–90) kükürtlenen kayısılar takip etmektedir. Literatürde $Na_2S_2O_5$ çözeltisine daldırılarak ya da SO_2 gazı ile kükürtlenen kayısılardan depolama süresince SO_2 kaybının incelendiği bir çalışmaya rastlanılmamıştır. Depolama süresince kuru kayısılardan SO_2 kaybı üzerine çeşidin etkisine ilişkin varyans analiz sonuçlarına göre; tüm kükürtleme yöntemleri için çeşit ortalamaları arasındaki farklılık istatistiksel olarak önemli bulunmuştur ($p<0.01$).

Kayısı çeşitleri açısından SO_2 kaybı incelendiğinde ise, geleneksel yöntemle kükürtlenen örneklerde depolama süresince Hacıhaliloğlu çeşidinin (%39–90) Kabaaşı çeşidine (%27–75) göre daha fazla SO_2 kaybına uğradığı belirlenmiştir (Şekil 4.8).

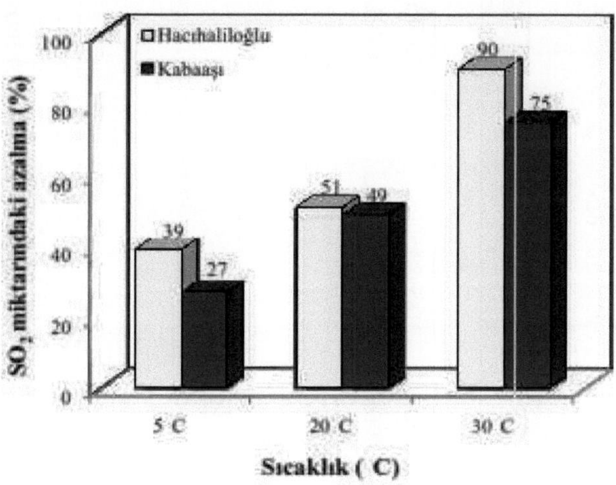

Şekil 4.8 Geleneksel yöntemle kükürtlenen Hacıhaliloğlu ve Kabaaşı kayısı çeşitlerinin farklı sıcaklıklarda 12 ay depolanması sonunda SO_2 içeriğinde meydana gelen % değişim

Çizelge 4.4 "Geleneksel yöntem" ile kükürtlenen Hacıhaliloğlu çeşidi kuru kayısıların farklı sıcaklıklarda depolanması süresince SO_2 düzeylerindeki değişimin Duncan testi ile karşılaştırılması[1]

Sıcaklık	Süre (ay)					
(°C)	0	2	4	6	8	12
5	2609±23.30Aa	2547±31.00Ba	2388±19.10Ca	2278±21.80Da	2185±22.50Ea	1911±22.10Fa
20	2609±23.30Aa	2351±18.00Bb	1889±19.10Cb	1737±19.30Db	1639±27.60Eb	1340±24.40Fb
30	2609±23.30Aa	2173±22.30Bc	1487±21.20Cc	1140±10.10Dc	849±10.40Ec	664±11.10Fc

[1] SO_2 değerleri aritmetik ortalama ± standart hata olarak verilmiştir
A-F : Aynı satırda değişik harfleri taşıyan ortalamalar arasındaki fark önemlidir ($p<0.01$)
a-c : Aynı sütunda değişik harfleri taşıyan ortalamalar arasındaki fark önemlidir ($p<0.01$)

Çizelge 4.5 "Geleneksel yöntem" ile kükürtlenen Kabaaşı çeşidi kuru kayısıların farklı sıcaklıklarda depolanması süresince SO_2 düzeyindeki değişimin Duncan testi ile karşılaştırılması[1]

Sıcaklık	Süre (ay)					
(°C)	0	2	4	6	8	12
5	2364±20.20Aa	2293±13.10Ba	2260±13.10Ba	1845±13.20Ca	1459±34.30Da	1446±29.50Da
20	2364±20.20Aa	1962±19.00Bb	1944±9.88Bb	1482±8.60Cb	1313±30.70Db	1158±33.50Eb
30	2364±20.20Aa	1677±17.50Bc	963±16.80Cc	677±7.93Dc	339±30.80Ec	236±16.80Fc

[1] SO_2 değerleri aritmetik ortalama ± standart hata olarak verilmiştir
A-F : Aynı satırda değişik harfleri taşıyan ortalamalar arasındaki fark önemlidir ($p<0.01$)
a-c : Aynı sütunda değişik harfleri taşıyan ortalamalar arasındaki fark önemlidir ($p<0.01$)

4.4 Depolama Süresince Renkte Oluşan Değişmeler

4.4.1 Esmerleşme düzeyindeki değişmeler

Üç farklı yöntemle kükürtlenen (geleneksel yöntem, tüpte sıvılaştırılmış SO_2 gazı ve $Na_2S_2O_5$ çözeltisi ile) Hacıhaliloğlu ve Kabaaşı çeşidi kayısıların; farklı sıcaklıklarda (5°C, 20°C ve 30°C) 12 ay depolanması süresince, esmerleşme düzeyindeki değişime ilişkin veriler; EK 6'da grafik olarak verilmiştir. Örnek olarak, geleneksel yöntemle kükürtlenen kayısılarda; depolama süresince esmerleşme düzeyindeki değişime ilişkin grafikler ise, Şekil 4.9 ve Şekil 4.10'da verilmiştir. Verilere regresyon analizi uygulanmış ve bu analiz sonucu elde edilen regresyon denklemleri ve determinasyon katsayısı (R^2) değerleri grafik üzerinde verilmiştir.

Şekil 4.9 ve Şekil 4.10'da verilen linear ve logaritmik grafiklerdeki R^2 değerleri karşılaştırıldığında, geleneksel yöntemle kükürtlenen kuru kayısılarda depolama süresince esmer renk oluşumunun hem sıfırıncı hem de birinci derece kinetik modele uyduğu anlaşılmaktadır. Şekil 4.9 ve Şekil 4.10'da görüldüğü gibi, esmer renk oluşumunda 5°C ve 20°C'de depolanan örneklerde önemli bir artış görülmezken, 30°C'de depolananlarda önemli miktarda artış saptanmıştır. 5°C ve 20°C'de depolamada, R^2 değerlerinin düşük bulunması, bu sıcaklıklarda depolama süresince esmer renk oluşumunda önemli bir değişim olmamasından kaynaklanmıştır.

30°C'de depolanan Hacıhaliloğlu ve Kabaaşı çeşidi kayısılara ait R^2 değerleri kıyaslandığında ise, yarı–logaritmik grafikte (R^2=0.989 ve R^2=0.969) aritmetik grafiğe (R^2=0.893 ve R^2=0.857) göre daha düz bir hat elde edildiği için, 30°C'de depolanan kuru kayısılarda depolama süresince esmer renk oluşumunun birinci derece kinetik modele uyduğu sonucuna varılmıştır.

Yapılan birçok çalışmada, esmerleşme reaksiyonlarının sıfırıncı dereceden kinetik modelle tanımlanabildiği gösterilmiştir. Örneğin, orta nemli elmaların depolanma stabilitesi üzerine yapılan bir çalışmada; 25°C–55°C'de 2 aylık depolama sonunda, enzimatik olmayan esmerleşme reaksiyonunun sıfırıncı dereceden kinetik modele uyduğu saptanmıştır (Singh *vd.* 1983).

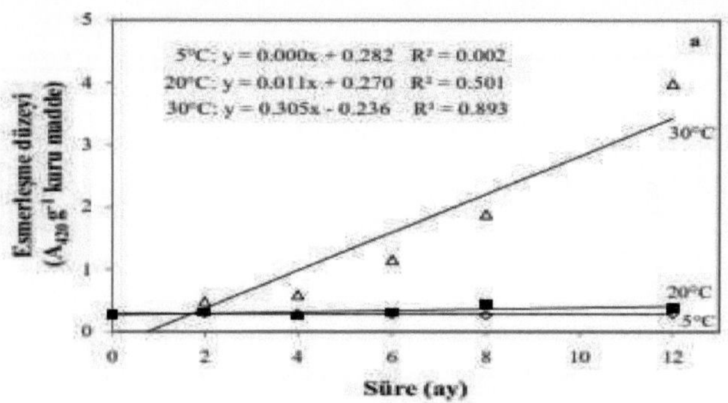

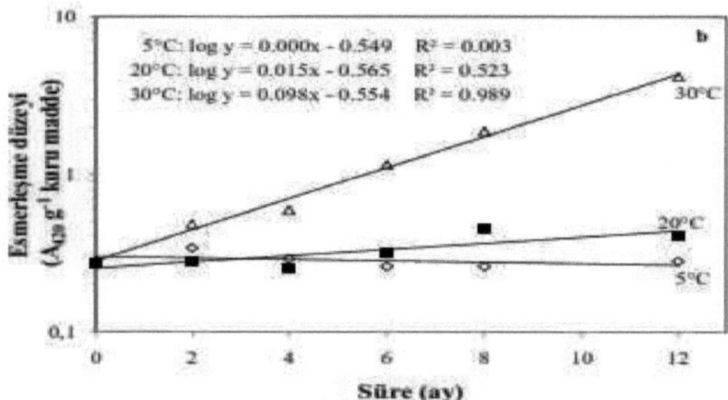

Şekil 4.9 Geleneksel yöntemle kükürtlenen Hacıhaliloğlu çeşidi kuru kayısıların farklı sıcaklıklarda 12 ay depolanması süresince esmerleşme düzeyindeki değişmeler
a: Linear **b:** Logaritmik

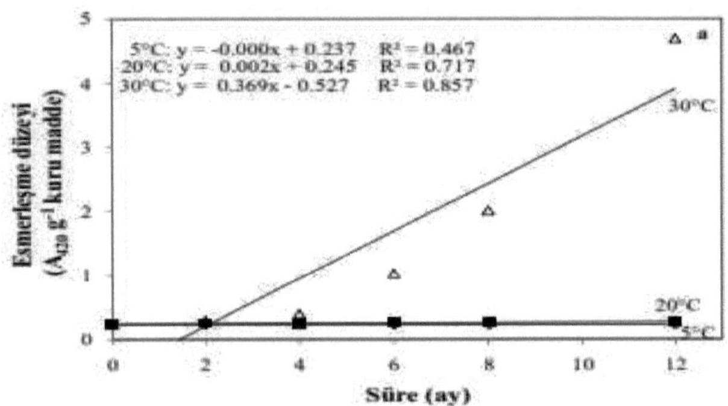

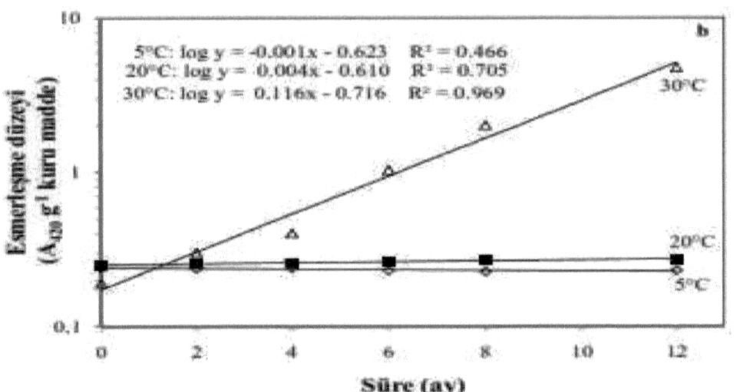

Şekil 4.10 Geleneksel yöntemle kükürtlenen Kabaaşı çeşidi kuru kayısıların farklı sıcaklıklarda 12 ay depolanması süresince esmerleşme düzeyindeki değişmeler
a: Linear **b:** Logaritmik

Benzer şekilde, toz haline getirilmiş kuru kayısıların rehidre edilerek %12-26 nem içeriğine getirildiği ve 50°C'de 40 gün depolandığı bir çalışmada da; esmer renk oluşumunun sıfırıncı dereceden kinetik modele uygun olarak gerçekleştiği ifade edilmiştir (Lee *vd.* 1979).

Ayrıca, Sultani çeşidi üzümlerde (Aguilera *vd.* 1987) ve ananas suyunda (Rattanathanalerk *vd.* 2005) yapılan çalışmalar da; ısıl işlem sonucunda bu ürünlerdeki esmer renk oluşumunun sıfırıncı dereceden kinetik modele uygun olarak gerçekleştiğini göstermektedir. Buna karşın, Özkan ve Cemeroğlu (2002) tarafından yapılan çalışmada; 40–60°C arasında kuru kayısılardan SO_2'nin uzaklaştırılması sırasındaki esmer renkli pigment oluşumu, birinci dereceden kinetik modelle tanımlanmıştır. Nury *vd.* (1960); bu çalışmada da kullanılan "esmerleşme düzeyi analiz" yönteminde, 440 nm dalga boyundaki absorbans ölçüm değerinin 0.3'ü geçmesi halinde; kuru kayısıların depolama süresini tamamladığını ve bu kayısıların renklerinin artık kabul edilemez sınırlara ulaştığını ortaya koymuştur (Davis *vd.* 1973'ten alınmıştır). Araştırmamız sonucunda; 5°C'de 12 ay süreyle depolanan Hacıhaliloğlu ve Kabaaşı çeşidi kuru kayısılarda, 420 nm'de ölçülen absorbans değerlerinin genel olarak bu sınıra ulaşmadığı, 20°C'de ise rengin kabul edilebilir düzeyde korunabildiği belirlenmiştir. Buna karşın; 30°C'de depolanan örneklerde ise, kısa sürede (2–4 ay) bu değer aşılmış ve 12 ay depolama sonunda tüm örneklerde çok yüksek esmerleşme değerleri elde edilmiştir. Özellikle 30°C'de depolanan sodyum metabisülfit ($Na_2S_2O_5$) yöntemi ile kükürtlenmiş kayısılarda önemli miktarda esmerleşme gözlenmiştir.

Çalışmamızdakine benzer şekilde, orta nemli kayısıların farklı sıcaklıklarda depolanması süresince meydana gelen esmerleşme reaksiyonlarının incelendiği bir çalışmada da; 5°C ve 20°C'de depolanan örneklerde, esmerleşme değerlerinin kabul edilebilir sınırlar içinde bulunduğu, ancak 30°C'de depolanan örneklerde 2. aydan itibaren esmerleşme değerlerinin kabul edilemez sınırlara ulaştığı ve hatta bu sınırı aştığı belirlenmiştir (Sağırlı *vd.* 2006).

Araştırmamızda uygulanan 3 farklı depolama sıcaklığının; esmerleşme düzeyindeki değişime etki düzeyi, Şekil 4.9- 4.10'da verilen grafiklerdeki eğimlerden görülmektedir. Ancak, bu durumu daha iyi açıklayabilmek için; 5°C, 20°C ve 30°C sıcaklıklarda 12 ay depolama sonunda, kayısılardaki esmerleşme düzeyi, Hacıhaliloğlu çeşidi için Şekil 4.11 ve Kabaaşı çeşidi için ise Şekil 4.12'de verilen histogramlarda gösterilmiştir.

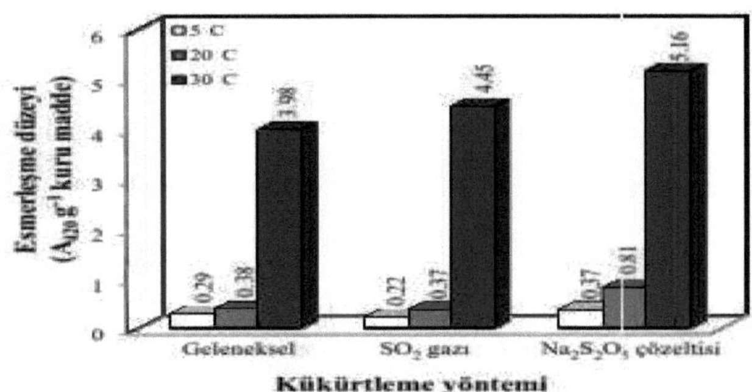

Şekil 4.11 Hacıhaliloğlu çeşidi kayısıların farklı sıcaklıklarda 12 ay depolanması sonucu saptanan esmerleşme düzeyleri

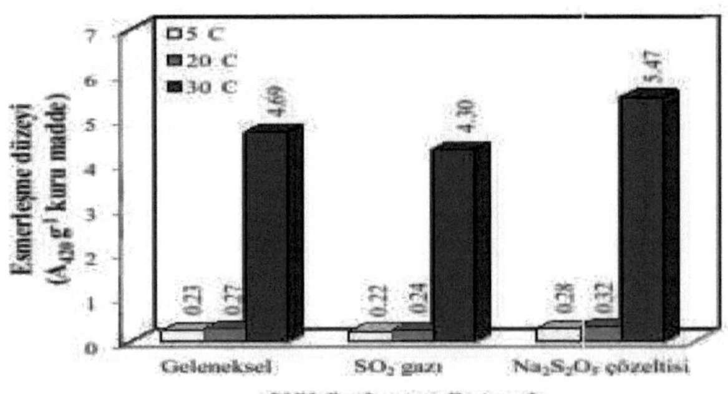

Şekil 4.12 Kabaaşı çeşidi kayısıların farklı sıcaklıklarda 12 ay depolanması sonucu saptanan esmerleşme düzeyleri

Bu çalışmada; farklı sıcaklıklarda 12 ay depolanan Hacıhaliloğlu çeşidi kuru kayısıların esmerleşme düzeylerinin, 30°C'de 3.98–5.16 olduğu; bunu sırasıyla, 20°C (0.38–0.81) ve 5°C (0.29–0.37)'nin takip ettiği belirlenmiştir. Aynı değerler, Kabaaşı çeşidi için; 30°C'de 4.69–5.47, 20°C'de 0.27–0.32 ve 5°C'de 0.23–0.28 arasındadır. Elde edilen bu veriler; depolama sıcaklığı yükseldikçe, kuru kayısıların esmerleşme düzeyinin arttığını göstermektedir.

Toribio ve Lozano (1984) tarafından yapılan bir çalışmada 65–75°Bx'e konsantre edilmiş, a_w değeri 0.6–0.7 arasında olan elma suyu konsantreleri 5°C, 20°C ve 37°C sıcaklıklarda 120 gün depolanmıştır. Bu çalışmada; çalışmamızdakine benzer şekilde, depolama sıcaklığı ve süresi arttıkça esmerleşme düzeyinin arttığı saptanmıştır.

Hacıhaliloğlu ve Kabaaşı çeşidi kuru kayısıların farklı sıcaklıklarda depolanması sonucunda; 5°C ve 20°C'de depolanan örneklerde, gerek sıfırıncı gerekse birinci derece kinetik modeller için çok küçük reaksiyon hız sabiti (k) ve determinasyon katsayısı (R^2) değerleri elde edilmiştir. Bu nedenle de, esmerleşme reaksiyonlarına ilişkin reaksiyon hız sabitleri (k) sadece 30°C için hesaplanmış ve çizelge 4.6 - 4.7'de verilmiştir.

Hacıhaliloğlu çeşidi kuru kayısılar için çizelge 4.6'da ve Kabaaşı çeşidi kuru kayısılar için çizelge 4.7'de görülen k hız sabitleri; kükürtleme yöntemlerinin, esmerleşme düzeyi açısından önemli bir fark oluşturmadığını göstermektedir.

Çizelge 4.6 Farklı yöntemlerle kükürtlenen Hacıhaliloğlu çeşidi kayısıların 30°C sıcaklıkta 12 ay depolanması süresince oluşan esmerleşmeye ilişkin reaksiyon hız sabitleri

Kükürtleme yöntemi	k (ay^{-1})
Geleneksel	0.2257
SO_2 gazı	0.2464
$Na_2S_2O_5$ çöz. daldırarak	0.2189

Çizelge 4.7 Farklı yöntemlerle kükürtlenen Kabaaşı çeşidi kayısıların 30°C sıcaklıkta 12 ay depolanması süresince oluşan esmerleşmeye ilişkin reaksiyon hız sabitleri

Kükürtleme yöntemi	k (ay^{-1})
Geleneksel	0.2671
SO_2 gazı	0.2718
$Na_2S_2O_5$ çöz. daldırarak	0.2533

12 ay depolama sonucunda oluşan esmer pigment miktarı, bu süre sonunda uzaklaşan SO_2 miktarıyla orantılıdır ve aralarında iyi bir korelasyon ($r = 0.978$) olduğu saptanmıştır (Şekil 4.13). Örneğin; geleneksel yöntemle kükürtlenmiş Hacıhaliloğlu çeşidi kayısıların 5°C, 20°C ve 30°C sıcaklıklarda 12 ay süreyle depolanması sonucunda SO_2 kaybı; 5°C'de %39, 20°C'de %51 ile sınırlıyken 30°C'de %90'a ulaşmıştır. Aynı değerler, Kabaaşı çeşidi için; 5°C'de %27, 20°C'de %49 ve 30°C'de %75 olarak belirlenmiştir. Bu nedenle, her üç yöntemle kükürtlenen kuru kayısıların da 20°C ve altındaki sıcaklıklarda depolanması önerilmektedir.

SO_2 miktarındaki azalışın, esmerleşme düzeyindeki artışa etkisini incelemek amacıyla; elde edilen veriler, Şekil 4.13-a'da aritmetik; Şekil 4.13-b'de yarı-logaritmik; Şekil 4.13-c'de ise logaritmik ıskalalı grafiğe aktarılmıştır. Grafiklerden elde edilen korelasyon katsayıları (r) incelendiğinde; esmerleşme düzeyindeki artış ile SO_2 miktarındaki azalış arasında logaritmik bir ilişki olduğu belirlenmiştir. Şekil 4.13 (C)'de verilen grafikten elde edilen 1 değerine çok yakın r değeri ($r = 0.978$); SO_2 miktarındaki azalışın, esmerleşme düzeyindeki artışa son derece bağlı olduğunu göstermektedir. Kuru kayısıların esmerleşme düzeyi üzerine depolama sıcaklığı ve depolama süresinin etkisine ilişkin varyans analiz sonuçları EK 12'de verilmiştir. Bu sonuçlar; depolama süresince meydana gelen esmerleşme reaksiyonları üzerine "sıcaklık × süre" interaksiyonunun etkisinin, istatistiki olarak önemli olduğunu göstermiştir ($p<0.01$). Bunun anlamı, esmerleşme değeri üzerine depolama sıcaklıklarının etkisi sürelere göre değişmektedir veya bir başka deyişle sürelerin etkisi sıcaklıktan sıcaklığa değişmektedir.

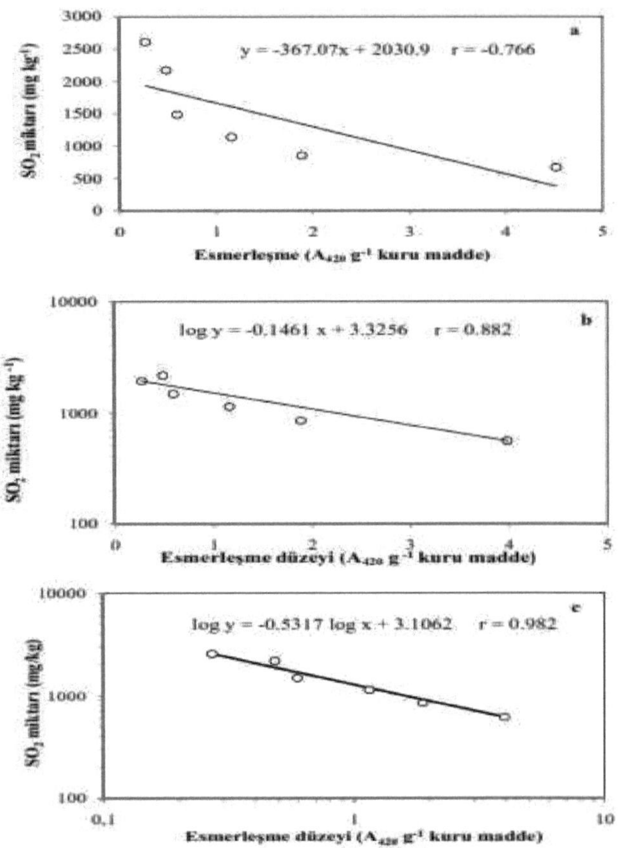

Şekil 4.13 Geleneksel yöntemle kükürtlenen Hacıhaliloğlu çeşidi kayısıların 30°C sıcaklıkta 12 ay depolanması süresince esmerleşme düzeyi ve SO_2 miktarı arasındaki ilişki
a : Aritmetik **b** : Yarı-logaritmik **c** : Logaritmik

Kükürtleme yöntemleri açısından incelendiğinde ise, kuru kayısıların esmerleşme düzeyindeki en önemli artış; her iki kayısı çeşidinde de $Na_2S_2O_5$ çözeltisine daldırılarak (Hacıhaliloğlu için 0.37–5.16 ve Kabaaşı çeşidi için 0.28–5.47) kükürtlenen kayısılarda gözlemlenmiştir.

Bunu sırasıyla, Hacıhaliloğlu için tüpte sıvılaştırılmış SO_2 gazı (0.22–4.45) ile ve geleneksel yöntemle (0.29–3.98) kükürtlenen kayısılar takip etmektedir. Bu sıra, Kabaaşı çeşidi için ise; geleneksel yöntemle (0.23–4.69) ve tüpte sıvılaştırılmış SO_2 gazı ile (0.22–4.30) kükürtlenen kayısılar şeklindedir. Literatürde $Na_2S_2O_5$ çözeltisine daldırılarak ya da SO_2 gazı ile kükürtlenen kayısılarda depolama süresince esmerleşme düzeyinin incelendiği bir çalışmaya rastlanılmamıştır.

Kayısı çeşitleri açısından esmerleşme düzeyindeki artış incelendiğinde ise, örneğin geleneksel yöntemde; depolama süresince Kabaaşı çeşidinde (0.23–4.69) Hacıhaliloğlu çeşidine (0.29–3.98) göre daha fazla esmer pigment oluştuğu belirlenmiştir (Şekil 4.14). Geleneksel yöntemle kükürtlenen kuru kayısılardan; Kabaaşı çeşidindeki esmer pigment oluşumunun, Hacıhaliloğlu çeşidindeki oluşumun yaklaşık 1.2 katı olduğu saptanmıştır.

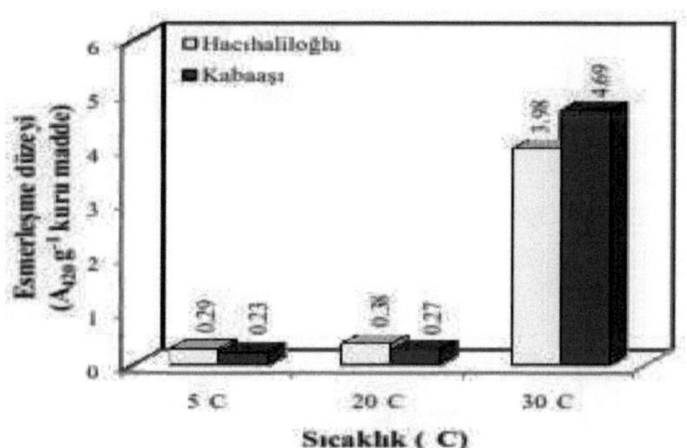

Şekil 4.14 Geleneksel yöntemle kükürtlenen Hacıhaliloğlu ve Kabaaşı kayısı çeşitlerinin farklı sıcaklıklarda 12 ay depolanması sonunda saptanan esmerleşme düzeyleri

Çizelge 4.8 "Geleneksel yöntem" ile kükürtlenen ve farklı sıcaklıklarda depolanan Hacıhaliloğlu çeşidi kayısıların esmerleşme düzeylerinin Duncan testi ile karşılaştırılması[1]

Sıcaklık	**Süre (ay)**					
(°C)	**0**	**2**	**4**	**6**	**8**	**12**
5	0.27±0.01Aa	0.30±0.01Ab	0.29±0.02Ab	0.28±0.02Ab	0.27±0.05Ac	0.29±0.01Ac
20	0.27±0.01Ca	0.32±0.02BCb	0.26±0.00Cb	0.32±0.01BCb	0.45±0.01Ab	0.37±0.01ABb
30	0.27±0.01Fa	0.48±0.02Ea	0.59±0.01Da	1.15±0.01Ca	1.88±0.08Ba	3.98±0.02Aa

[1] Esmerleşme değerleri (A_{420} g^{-1} kuru madde), aritmetik ortalama±standart hata olarak verilmiştir.
A-E : Aynı satırda değişik harfleri taşıyan ortalamalar arasındaki fark önemlidir ($p<0.01$)
a-c : Aynı sütunda değişik harfleri taşıyan ortalamalar arasındaki fark önemlidir ($p<0.01$)

Çizelge 4.9 "Geleneksel yöntem" ile kükürtlenen ve farklı sıcaklıklarda depolanan Kabaaşı çeşidi kayısıların esmerleşme düzeylerinin Duncan testi ile karşılaştırılması[1]

Sıcaklık	**Süre (ay)**					
(°C)	**0**	**2**	**4**	**6**	**8**	**12**
5	0.24±0.00Aa	0.24±0.01Aa	0.24±0.00Ab	0.23±0.01Ab	0.23±0.00Ab	0.24±0.01Ab
20	0.24±0.00Aa	0.26±0.00Aa	0.26±0.00Ab	0.26±0.01Ab	0.27±0.00Ab	0.27±0.00Ab
30	0.24±0.00Ea	0.30±0.01DEa	0.40±0.01Da	1.00±0.01Ca	1.95±0.04Ba	4.56±0.02Aa

[1]Esmerleşme değerleri (A_{420} g^{-1} kuru madde), aritmetik ortalama±standart hata olarak verilmiştir.
A-E : Aynı satırda değişik harfleri taşıyan ortalamalar arasındaki fark önemlidir ($p<0.01$)
a-b : Aynı sütunda değişik harfleri taşıyan ortalamalar arasındaki fark önemlidir ($p<0.01$)

4.4.2 Reflektans renk değerlerindeki değişim

Esmerleşme düzeyi, kimyasal analizlerle belirlenebildiği gibi, fiziksel olarak materyalin reflektans renk değerlerinin ölçülmesi ile de belirlenebilmektedir. Reflektans renk değerlerinin kolaylıkla belirlenmesi nedeni ile, özellikle L* değeri birçok üründe esmerleşme indeksi olarak kullanılmaktadır. Bu amaçla, L* değeri, elma ve armutlarda (Sapers ve Douglas 1987), çekirdeksiz kuru üzümlerde (Aguilera *vd.* 1987) ve greyfurt sularında (Lee ve Nagy 1988) esmerleşme indeksi olarak kullanılmıştır.

Farklı yöntemlerle (geleneksel yöntem, SO_2 gazı ve $Na_2S_2O_5$ çözeltisi) kükürtlenen Hacıhaliloğlu ve Kabaaşı çeşidi kuru kayısıların; farklı sıcaklıklarda (5°C, 20°C ve 30°C) 12 ay depolanması süresince yüzey renklerinde oluşan değişimler, materyalin renginin reflektans spektrofotometresi kullanılarak CIE L*, a*, b*, C* (kroma) ve h° (hue) değerlerinin ölçülmesi ile izlenmiştir. Bu süre sonundaki reflektans renk değerlerindeki değişime ilişkin veriler, EK 7'de gösterilmiştir. Örnek olarak, geleneksel yöntemle kükürtlenen kuru kayısılarda; depolama süresince reflektans renk değişimine ilişkin veriler ise, çizelge 4.10 - 4.11'de verilmiş ve renkle ilgili değerlendirme sonuçlarına aşağıda değinilmiştir.

Bilindiği gibi, CIE L*a*b* sisteminde L* değeri aydınlık derecesi (lightness) olarak tanımlanmakta ve bu değer 0 (siyah) ile 100 (beyaz) arasında değişmektedir. CIE a* değeri, 0 ile 60 arasında değişmekte ve pozitif a* değerleri kırmızı, negatif a* değerleri ise yeşil rengi göstermektedir. CIE b* değeri de, 0 ile 60 arasında değişmekte ve pozitif b* değerleri sarı, negatif b* değerleri ise, mavi rengi göstermektedir.

CIE C* değeri 0 ile 60 arasında değişmekte ve renk düzleminin merkezinde 0 (mat) ve merkezden uzaklaştıkça parlak (vivid) tonlar artmaktadır. h° değeri 0°-360° arasında değişmekte; 0° ve 360° kırmızı, 90° sarı, 180° yeşil ve 270° mavi olarak değerlendirilmektedir.

Farklı yöntemlerle kükürtlenerek kurutulan Hacıhaliloğlu ve Kabaaşı çeşidi kayısıların renklerinde, 5°C ve 20°C'de depolama süresince önemli bir değişiklik saptanmazken; 30°C'de depolanan kayısı örneklerinin renk değerlerinde önemli farklar gözlemlenmiştir (Çizelge 4.10 - 4.11).

Geleneksel yöntemle, tüpte sıvılaştırılmış SO_2 gazı ile ve $Na_2S_2O_5$ çözeltisine daldırılarak kükürtlenen ve 30°C'de 12 ay süreyle depolanan Hacıhaliloğlu çeşidi kuru kayısılarda L* değerleri, 5-10 birim azalmıştır. Aynı sürede depolama sonunda; a* değerleri 4-5 birim; b* değerleri ise 10-12 birim azalmıştır. Kabaaşı çeşidi kuru kayısılarda ise L* değerleri, 6-9 birim; a* değerleri 1-2 birim; b* değerleri ise 7 birim azalmıştır. Her iki çeşitte de, C* değerlerinde ve genel olarak h° değerlerinde de benzer azalışlar saptanmıştır (EK 7).

Çizelge 4.10 Geleneksel yöntemle kükürtlenen Hacıhaliloğlu çeşidi kuru kayısıların 12 ay depolanması sonunda reflektans renk değerlerindeki değişim

Sıcaklık (°C)	Süre (ay)	L*	a*	b*	C*	h°
5	0	34.21±3.38[1]	8.06±1.92	18.49±2.22	20.22±2.58	66.67±4.09
	12	37.82±3.01	7.31±2.31	20.07±3.30	21.43±3.65	70.28±4.67
20	0	35.03±3.33	7.44±2.22	18.15±2.34	19.68±2.82	68.05±4.72
	12	33.58±2.64	6.82±1.50	17.11±2.23	18.45±2.47	68.38±3.32
30	0	32.51±2.79	7.48±1.73	18.03±1.80	19.55±2.20	67.68±3.52
	12	27.50±3.07	3.05±1.13	8.36±1.70	8.93±1.88	70.31±5.17

[1]Renk değerleri 20 tekerrürün ortalaması olup aritmetik ortalama ± standart sapma değerleriyle verilmiştir.

Çizelge 4.11 Geleneksel yöntemle kükürtlenen Kabaaşı çeşidi kuru kayısıların 12 ay depolanması sonunda reflektans renk değerlerindeki değişim

Sıcaklık (°C)	Süre (ay)	L*	a*	b*	C*	h°
5	0	35.87±2.69[1]	4.33±1.55	16.37±3.09	16.97±3.26	75.37±4.00
	12	33.37±3.29	3.90±1.38	17.65±4.02	18.33±3.99	75.51±3.15
20	0	34.73±3.56	4.46±1.31	16.07±2.99	16.73±3.01	74.29±4.27
	12	31.37±3.36	4.29±1.28	13.80±2.14	14.50±2.18	72.71±4.78
30	0	34.33±3.26	5.44±1.20	16.12±2.95	17.03±3.08	71.30±2.75
	12	25.34±3.33	4.08±1.57	9.20±2.44	10.12±2.68	66.32±6.45

[1]Renk değerleri 20 tekerrürün ortalaması olup aritmetik ortalama ± standart sapma değerleriyle verilmiştir.

Ayrıca; her üç yöntemle kükürtlenen kuru kayısıların farklı sıcaklıklarda 12 ay depolanması sonunda; reflektans renk değerleri arasındaki farkın, kayısıların gözle algılanan rengi üzerine etkisinin belirlenmesi amacıyla kayısılar fotoğraflanmış ve bu fotoğraflar Şekil 4.15 - 4.16'da verilmiştir.

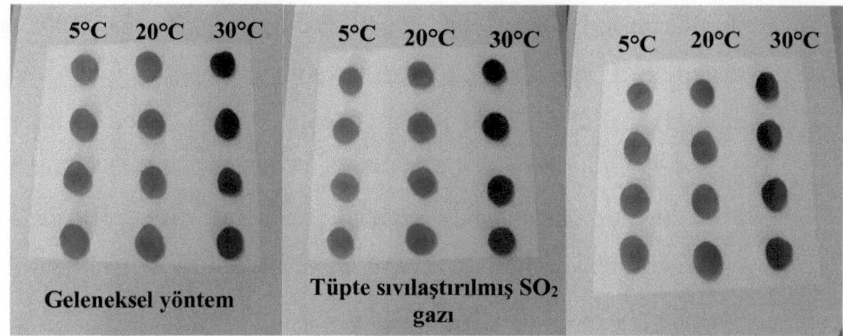

Şekil 4.15 Hacıhaliloğlu çeşidi kayısıların farklı sıcaklıklarda 12 ay depolanması sonucunda renklerinde meydana gelen değişimler

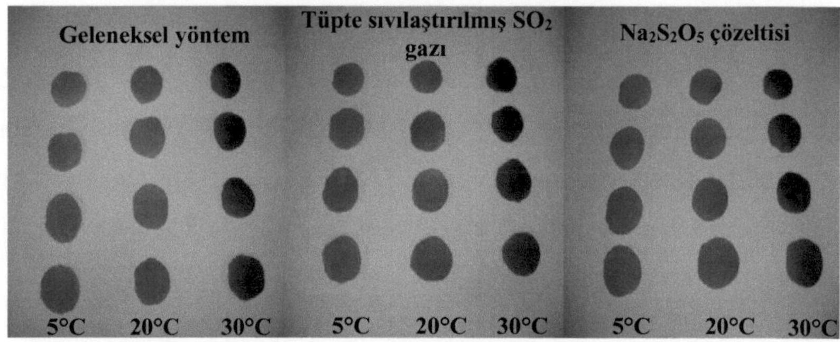

Şekil 4.16 Kabaaşı çeşidi kayısıların farklı sıcaklıklarda 12 ay depolanması sonucunda renklerinde meydana gelen değişimler

30°C'de 12 ay depolama sonunda tüm renk değerleri önemli düzeyde düşmüş (Çizelge 4.10 - 4.11) ve örnekler incelendiğinde; rengin kabul edilemez bir nitelik kazandığı, çıplak gözle bile kolaylıkla fark edilebilmiştir (Şekil 4.15 - 4.16). Bu durum, 30°C'de depolamanın daha 2. ayında bile kendisini göstermiştir.

Laboratuarımızda yapılan, orta nemli kayısıların 5°C, 20°C ve 30°C sıcaklıklarda 8 ay depolanması süresince yüzey renklerinde oluşan değişimlerin incelendiği bir çalışmada da; 20°C ve özellikle 30°C'de depolanan kayısıların renk değerlerinde önemli farklar bulunmuştur. L* değeri, 20°C'de 10, 30°C'de ise 23 birim azalmıştır. a* ve b* değerleri ise sırasıyla, 20°C'de 2 ve 3, 30°C'de ise 14 ve 32 birim azalmıştır. C* değerlerinde de benzer azalmalar tespit edilmiş olup, h° değerlerinde ise 30°C hariç önemli bir değişim saptanmamıştır. 5°C'de depolanan kayısıların renklerinde ise önemli bir değişiklik saptanmamıştır (Sağırlı *vd.* 2006). Benzer şekilde, kurutulmuş armutların 10°C ve altındaki sıcaklıklarda depolanması durumunda renklerinin kabul edilebilir düzeyde olduğu belirlenmiştir (Joubert *vd.* 2001).

Bu çalışmada; %16, %18 ve %20 nem ve sırasıyla 1859, 1750 ve 1403 mg kg^{-1} SO_2 içeren armutlar; 4°C, 7°C, 10°C ve 20°C'de depolanmış ve depolama süresince L*, a* ve b* değerleri ölçülmüştür. Ürünün renginin kabul edilip edilmeyeceğine L* değeri dikkate alınarak karar verilmiş ve depolama boyunca a* değerinde artış olurken, diğer tüm renk parametrelerinde azalma gözlenmiştir.

Kuru kayısıların reflektans renk değerlerindeki değişimin en belirgin olarak saptandığı 30°C sıcaklıkta depolanan örnekler, kükürtleme yöntemleri açısından incelendiğinde ise; L* değerindeki en belirgin değişim, Hacıhaliloğlu kayısı çeşidinde SO_2 gazı ile (9 birim) kükürtlenen örneklerde gözlemlenmiştir. Bunu sırasıyla; $Na_2S_2O_5$ çözeltisine daldırılarak (8 birim) ve geleneksel yöntemle (5 birim) kükürtlenen örnekler izlemiştir. Bu sıra, Kabaaşı çeşidi kayısılar için ise; geleneksel yöntemle (9 birim) ve tüpte sıvılaştırılmış SO_2 gazı ile (8 birim) ve $Na_2S_2O_5$ çözeltisine daldırılarak (7 birim) kükürtlenen kayısılar şeklindedir.

Gerek reflektans renk değerlerinde saptanan değişimlere bakıldığında gerekse Şekil 4.17 incelendiğinde, renk değerlerinin değişiminde kükürtleme yöntemlerinin çok etkin olmadığı görülmektedir.

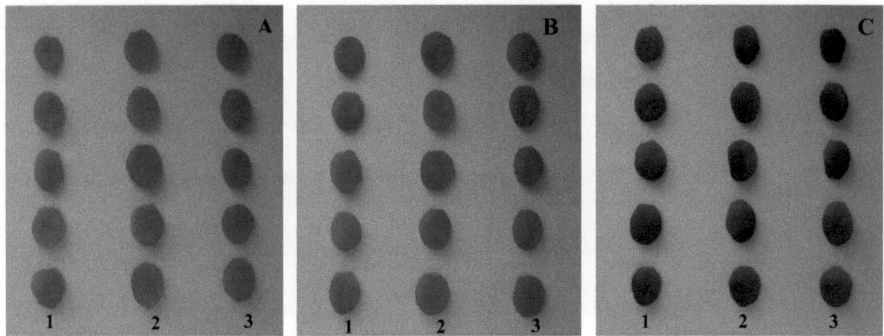

Şekil 4.17 Farklı yöntemlerle kükürtlenen Kabaaşı çeşidi kuru kayısıların farklı sıcaklıklarda 12 ay depolanması sonucu renklerinde gözlenen değişimler
A : 5°C **B** : 20°C **C** : 30°C
1: Elementer toz kükürt **2:** SO_2 gazı **3:** $Na_2S_2O_5$ çözeltisi

Kayısı çeşitleri açısından reflektans renk değerlerindeki değişim incelendiğinde ise, genel olarak; depolama süresince Kabaaşı çeşidindeki değişimin Hacıhaliloğlu çeşidine göre daha fazla olduğu belirlenmiştir.

Ayrıca; Kabaaşı çeşidi kuru kayısılarda renk değişiminin homojen gerçekleşmediği, örneklerin renklerinin açıklı koyulu olduğu saptanmıştır (Şekil 4.16).

4.5 HPLC Analizleri

4.5.1 HMF içeriğindeki artış

Kuru üzüm (Sanz *vd.* 2001, Zhao *vd.* 2008), erik (Del Caro *vd.* 2004), kuru incir ve kayısı gibi meyveler; Maillard reaksiyonunun oluşumu için gerekli olan indirgen şeker ve amino asidi yüksek miktarda yapılarında bulundururlar. Bilindiği gibi; Maillard reaksiyonu sırasında oluşan HMF, esmerleşme reaksiyon ürünlerinin bir indikatörü olarak kullanılır.

Yukarıda belirtilen nedenlerden dolayı çalışmamızda; üç farklı yöntemle kükürtlenen (geleneksel yöntem, SO_2 gazı ve $Na_2S_2O_5$ çözeltisi ile) Hacıhaliloğlu ve Kabaaşı çeşidi kuru kayısıların, farklı sıcaklıklarda (5°C, 20°C ve 30°C) 12 ay depolanması sonunda HMF içeriğindeki artış saptanmıştır.

Farklı yöntemlerle kükürtlenerek kurutulan Hacıhaliloğlu ve Kabaaşı çeşidi kayısıların 12 ay depolanması sonunda HMF içeriğindeki değişim üç farklı sıcaklıkta incelenmiş ve ulaşılan değerler; çizelge 4.12'de verilmiştir. Kuru kayısıdaki HMF'nin HPLC analizi sonucunda elde edilen örnek bir kromatogramı ise, Şekil 4.18'de verilmiştir.

Çizelge 4.12 Değişik kükürtleme yöntemleri ile kükürtlenen Hacıhaliloğlu ve Kabaaşı çeşidi kurutulmuş kayısıların depolama başlangıcı ve 12 ay depolama sonundaki HMF değerleri (mg kg^{-1})

Depolama		Hacıhaliloğlu			Kabaaşı		
Sıcaklık (°C)	Süre (ay)	Geleneksel*	SO_2 gazı*	$Na_2S_2O_5$*	Geleneksel	SO_2 gazı	$Na_2S_2O_5$
Başlangıç	0	—	—	—	—	—	—
5	12	—	—	—	—	—	—
20	12	—	—	—	—	—	—
30	12	1.20	3.04	—	8.12	3.81	—

*: Kükürtleme yöntemleri

Araştırmamızda; depolama sıcaklığının, HMF oluşumu üzerine hangi düzeyde etkili olduğu saptanmıştır. 5°C ve 20°C'de depolanan Hacıhaliloğlu ve Kabaaşı çeşidi kuru kayısılarda, 12 aylık depolama süresi sonunda HMF belirlenemezken; 30°C'de depolama sonucunda geleneksel yöntemle ve tüpte sıvılaştırılmış SO_2 gazı ile kükürtlenen örneklerde, düşük miktarda da olsa HMF belirlenmiştir.

Her iki çeşitte de $Na_2S_2O_5$ çözeltisine daldırılarak kükürtlenen örneklerde, HMF'nin belirlenememiş olması dikkat çekicidir. Depolama süresince en fazla esmerleşme değerlerine sahip olan ve renkleri en fazla değişen örnekler, $Na_2S_2O_5$ çözeltisine daldırılarak kükürtlenen kayısılara aittir.

Buna rağmen; HMF oluşumunun saptanamamasının nedeninin, HMF'nin esmerleşme reaksiyonları sonucunda oluşan bir ara ürün olması ve depolama süresince sıcaklığa bağlı olarak daha ileri aşamalardaki ürünlere dönüşmesinden kaynaklandığı düşünülmektedir.

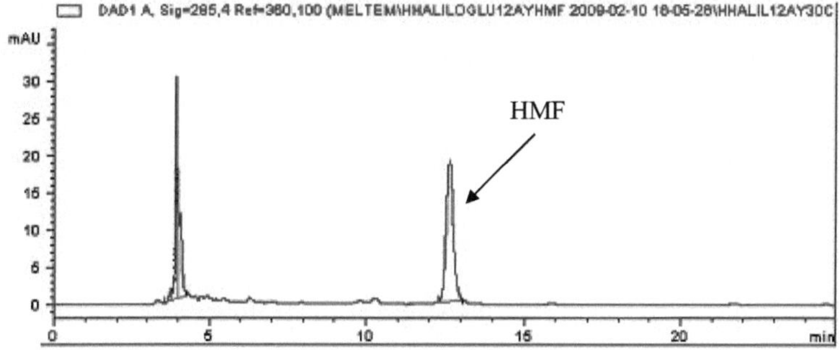

Şekil 4.18 Kuru kayısılardaki HMF'nin HPLC kromatogramı

Literatürde kuru kayısılarda HMF içeriğinin belirlendiği herhangi bir çalışmaya rastlanmamıştır. Ancak, kuru üzüm örneklerinde farklı solventlerle yapılan ekstraksiyon işleminin HMF miktarı üzerine etkisinin incelendiği bir çalışmada, kuru üzümlerin HMF miktarlarının farklı solventlerle 25,8-443,67 $\mu g\ g^{-1}$ arasında saptandığı belirtilmiştir (Zhao *vd.* 2008).

Kuru incir ve eriklerin HMF içeriği üzerine yapılan çalışmalarda; kuru incirlerin çok düşük (1 $mg\ kg^{-1}$), eriklerin ise çok yüksek düzeyde (2200 $mg\ kg^{-1}$) HMF içerdiği belirlenmiştir (Murkovic ve Pichler 2006).

Diğer bir çalışmada ise, kuru eriklerde 220 $mg\ kg^{-1}$ düzeyinde HMF belirlenmiştir (Donovan *vd.* 1998). Farklı çalışmalarda, kuru eriğin HMF içeriğinin farklı bulunması; erik çeşitlerinin (şeker ve amino asit içeriği farklı) ve yetiştirme koşullarının farklı oluşunun yanında, kurutma ve depolama sırasında uygulanan işlemlerin de faklı oluşundan kaynaklanabilir. Kuru incir, kurutulmuş meyveler arasında en yüksek lif içeriğine sahip (Vinson *vd.* 2005) olması nedeniyle, ekstraksiyon işlemlerinin zor olduğu bir üründür. Kuru incirlerde, HMF içeriğinin bu kadar düşük düzeyde belirlenmesi de bu nedenden kaynaklanabilir.

Kükürtleme yöntemleri açısından incelendiğinde ise; çizelge 4.12'de görüldüğü gibi, üç kükürtleme yönteminde de depolama başlangıcında ve 12 ay boyunca 5°C'de depolanan kuru kayısı örneklerinde HMF belirlenememiştir. Hacıhaliloğlu çeşidi kuru kayısılarda HMF miktarındaki en önemli artış; SO_2 gazı ile kükürtlenip, 30°C'de depolanan örneklerde gözlemlenirken; Kabaaşı çeşidi kuru kayısılarda ise geleneksel yöntemle kükürtlenip, 30°C'de depolanan örneklerde gözlemlenmiştir.

Her iki çeşit kayısıda da, "geleneksel yöntem" ve "SO_2 gazı" ile kükürtlenip 30°C'de depolanan örneklerde HMF tespit edilmiştir. "$Na_2S_2O_5$ çözeltisine daldırma" işlemi ile yapılan kükürtleme yönteminde ise, üç depolama sıcaklığında (5°C, 20°C ve 30°C) da HMF belirlenememiştir. Bu sonuçların 2 farklı nedeni olabilir:

1. Bilindiği gibi, HMF karbonhidratların ısıl degradasyonu ve Maillard reaksiyonu sonucunda oluşur. Kuru kayısılar, depolama süresince karbonhidratları degrade edebilecek seviyede ısıl işleme maruz bırakılmadığı için; kuru kayısının depolanması süresince oluşan HMF, Maillard reaksiyonunun bir sonucu olarak meydana gelmektedir. Maillard reaksiyonunun oluşumunda etkili olan başlıca faktörler; pH, a_W, depolama sıcaklığı ve substrat konsantrasyonudur (indirgen şekerler ve protein). Kuru kayısıların pH değeri, 3.8-4.8 arasında değişmektedir ve pH 6.0'ın altında Maillard reaksiyonunun oluşumu sınırlanmaktadır. Su aktivitesi ise, 0.6–0.7 arasındayken Maillard reaksiyonu optimum düzeyde gerçekleşmekte ve bu değerlerin altında yavaşlamaktadır. Kuru kayısının su aktivitesi değerleri depolama süresi boyunca azalmakta ve 0.6–0.7 değerlerinin de altına düşmektedir. Kuru kayısının, Maillard reaksiyonunun hızını düşüren koşullara doğal olarak sahip olması nedeniyle HMF oluşumunun düşük düzeyde gerçekleştiği sanılmaktadır.
2. HMF, Maillard reaksiyonunda oluşan bir ara üründür ve bu nedenle kuru kayısının depolama süresinin uzamasıyla, oluşan HMF'nin bir kısmı melanoidin (kahverenkli) pigmentlerine dönüşmüş olabilir.

Bu nedenle, diğer kükürtleme yöntemlerine göre daha yüksek esmerleşme düzeyine sahip olan "$Na_2S_2O_5$ çözeltisine daldırma" işlemi ile yapılan kükürtleme yönteminde kuru kayısılarda HMF oluşumunun belirlenemediği düşünülmektedir.

Farklı yöntemlerle kükürtlenerek 30°C'de 12 ay süresince depolanan kuru kayısıların esmerleşme değerleri Hacıhaliloğlu çeşidi için; geleneksel yöntemde 3.98, SO_2 gazı ile kükürtleme yönteminde 4.45 ve $Na_2S_2O_5$ çözeltisine daldırma işlemi ile yapılan kükürtleme yönteminde ise 5.16 A_{420}/g kuru kayısı olarak belirlenmiştir. Kabaaşı çeşidi için ise bu değerler sırasıyla; 4.69, 4.30 ve 5.47'dir.

Kayısı çeşitleri açısından HMF düzeyindeki artış incelendiğinde ise, depolama süresince Kabaaşı çeşidinde Hacıhaliloğlu çeşidine göre daha fazla HMF oluştuğu belirlenmiştir. Geleneksel yöntemle kükürtlenen kuru kayısılarda, Kabaaşı çeşidindeki HMF oluşumunun Hacıhaliloğlu çeşidindekinin; yaklaşık 7 katı; SO_2 gazı ile kükürtlenenlerde ise 1.3 katı olduğu saptanmıştır.

4.5.2 β-karoten miktarındaki değişim

Değişik kükürtleme yöntemleri ile kükürtlenen Hacıhaliloğlu ve Kabaaşı çeşidi kurutulmuş kayısıların depolama başlangıcı ve 12 ay depolama sonundaki karotenoid miktarına ilişkin sonuçlar çizelge 4.13'te verilmiştir.

Kuru kayısılarda karotenoid bileşiklerin belirlenmesi amacıyla uygulanan HPLC analizi sonucunda elde edilen örnek bir kromatogram ise geleneksel yöntemle kükürtlenen Hacıhaliloğlu çeşidi kayısılar için, Şekil 4.19'da verilmiştir. Kuru kayısıdaki karotenoidlerin HPLC analizi sonucunda elde edilen kromatogramlarında 3 pik belirlenmiş ve bu piklerden sadece β-karoten tanımlanmıştır (Şekil 4.19). Diğer iki pik ise, standartlarımızın olmaması nedeniyle tanımlanamamıştır.

Şekil 4.19'da verilen kromatogram incelendiğinde, elde edilen 3 karotenoid piki içinde, kuru kayısıdaki başat karotenoidin β-karoten olduğu görülmektedir.

Hem diğer karotenoidlerin tanımlanamaması hem de kuru kayısıdaki başat karotenoidin β-karoten olması nedeniyle bu çalışmamızda sadece β-karoten dikkate alınmıştır. Beslenme fizyolojisi açısından önemli bir karotenoid olan β-karoten, birçok meyve ve sebzenin yapısında bulunmaktadır. β-karoten organizmada A vitaminine (retinol) dönüştüğü için provitamin A olarak da bilinmektedir. Ayrıca β-karotenin, antioksidan aktivite gösterdiği de bilinmektedir.

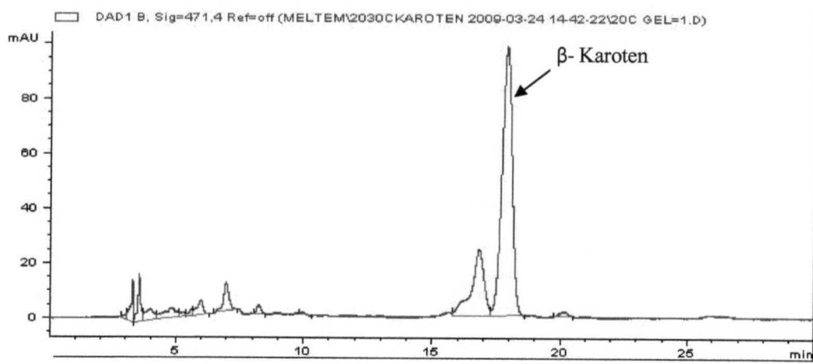

Şekil 4.19 Geleneksel yöntemle kükürtlenen Hacıhaliloğlu çeşidi kayısılarda karotenoid kompozisyonunu gösteren HPLC kromatogramı

Çizelge 4.13 Değişik kükürtleme yöntemleri ile kükürtlenen Hacıhaliloğlu ve Kabaaşı çeşidi kurutulmuş kayısıların depolama başlangıcı ve 12 ay depolama sonundaki β-karoten miktarları (mg/100 g kuru madde)

Depolama		Hacıhaliloğlu			Kabaaşı		
Sıcaklık (°C)	Süre (ay)	Geleneksel*	SO_2 gazı*	$Na_2S_2O_5$*	Geleneksel	SO_2 gazı	$Na_2S_2O_5$
Depolama başlangıcı**	0	3.13	3.00	3.33	2.81	2.64	3.08
5	12	1.60	1.50	1.63	1.42	1.33	1.51
20	12	1.39	1.38	1.35	1.25	1.18	1.39
30	12	1.10	1.11	1.15	1.05	1.04	1.22

*: Kükürtleme yöntemleri
**: 5°, 20° ve 30°C'lerde depolama başlangıcı

Çizelge 4.13'te verilen değerler histogram grafiğine aktarılıp incelendiğinde, 12 ay depolama sonunda kuru kayısıların β-karoten düzeyinde; 5°C'de %49–51, 20°C'de %54–59 ve 30°C'de ise, %60–65 oranında kayıp gözlenmiştir (Şekil 4.20 - 4.21). Bilindiği gibi karotenoidler, ışık ve oksijene karşı çok duyarlıdır. Buna karşılık yüksek sıcaklıklarda antosiyanin gibi diğer pigmentlere göre daha stabildirler.

Ortamda ışık ve oksijen bulunmaması halinde gıdaların pişirilmelerinde ve haşlanmalarında dahi bozulmazlar. Çalışmamızda da; kuru kayısıdaki β-karoten içeriği üzerine depolama sıcaklığının sınırlı düzeyde bir etkisinin olduğu, buna karşın; parçalanmasına neden olan asıl etkinin depolama süresi olduğu ortaya konulmuştur. Ezme haline getirildikten sonra cam kavanozlarda saklanan örneklerdeki β-karoten içeriğinde; örneklerin depolama süresince (12 ay) maruz kaldığı ışık ve oksijenin etkisiyle azalma olduğu düşünülmektedir.

Kükürtleme yöntemleri açısından incelendiğinde, yöntem farklılığının β-karoten düzeyi üzerine önemli bir etkisi saptanmamıştır. Hacıhaliloğlu çeşidi kuru kayısılarda β-karoten düzeyindeki en önemli kayıp; $Na_2S_2O_5$ çözeltisine daldırma ile kükürtlenip, 30°C'de depolanan örneklerde (yaklaşık %65) gözlemlenirken; Kabaaşı çeşidi kuru kayısılarda ise geleneksel yöntemle kükürtlenip, 30°C'de depolanan örneklerde (%63) gözlemlenmiştir (Şekil 4.20 - 4.21).

Kayısı çeşitleri açısından β-karoten düzeyindeki değişim incelendiğinde ise; Şekil 4.22'de de görüldüğü gibi çeşidin, β-karoten kaybına belirgin bir etkisinin olmadığı belirlenmiştir.

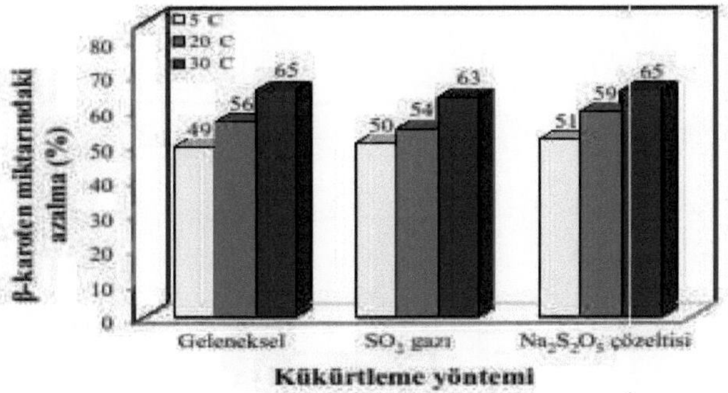

Şekil 4.20 Farklı yöntemlerle kükürtlenen Hacıhaliloğlu çeşidi kayısıların farklı sıcaklıklarda depolanması süresince β-karoten içeriğindeki değişim

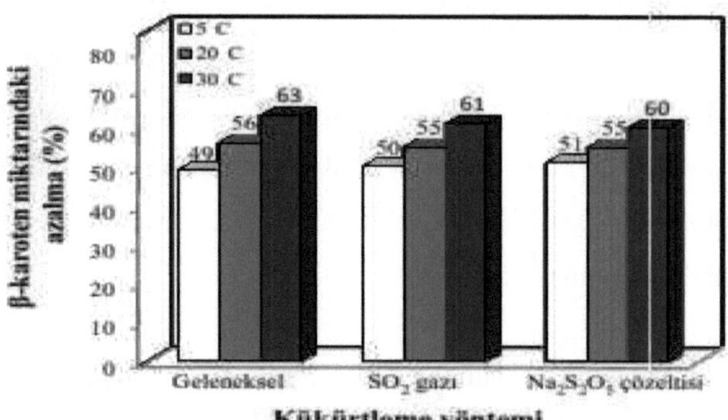

Şekil 4.21 Farklı yöntemlerle kükürtlenen Kabaaşı çeşidi kayısıların farklı sıcaklıklarda depolanması süresince β-karoten içeriğindeki değişim

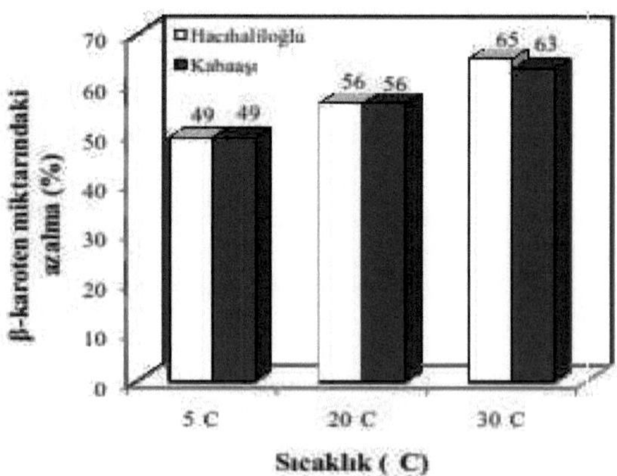

Şekil 4.22 Geleneksel yöntemle kükürtlenen Hacıhaliloğlu ve Kabaaşı kayısı çeşitlerinin farklı sıcaklıklarda 12 ay depolanması sonunda saptanan β-karoten içeriğindeki değişim

4.6 pH ve Titrasyon Asitliğindeki Değişmeler

Farklı yöntemlerle kükürtlenen Hacıhaliloğlu ve Kabaaşı çeşidi kuru kayısıların 5°C, 20°C ve 30°C sıcaklıklarda 12 ay depolama süresi sonundaki pH ve titrasyon asitliği düzeyindeki değişime ilişkin sonuçlar EK 8'de verilmiştir. Titrasyon asitliği değerleri, "kuru ağırlık" üzerinden hesaplanmış ve susuz sitrik asit cinsinden "g/100 g kuru madde" olarak ifade edilmiştir. Örnek olarak, geleneksel yöntemle kükürtlenen Hacıhaliloğlu ve Kabaaşı çeşidi kuru kayısılarda; depolama süresince pH ve titrasyon asitliği düzeyindeki değişime ilişkin sonuçlar ise, çizelge 4.14 - 4.15'te verilmiştir.

Çizelge 4.14 Geleneksel yöntemle kükürtlenen Hacıhaliloğlu çeşidi kuru kayısıların farklı sıcaklıklarda 12 ay depolanması süresince pH ve titrasyon asitliğindeki değişimler

Sıcaklık (°C)	Süre (ay)	pH	Titrasyon asitliği (g/100 g kuru ağırlık)
5	0	4.28	1.73
	2	4.28	1.80
	4	4.24	1.88
	6	4.40	1.36
	8	4.24	1.71
	12	4.15	1.85
20	0	4.28	1.73
	2	4.24	1.57
	4	4.27	2.04
	6	4.31	1.59
	8	4.25	1.39
	12	4.16	2.05
30	0	4.28	1.73
	2	4.26	1.71
	4	4.24	1.71
	6	4.24	2.33
	8	4.21	1.64
	12	4.11	2.93

Çizelge 4.14 ve 4.15 incelendiğinde 12 ay süreyle depolanan Hacıhaliloğlu ve Kabaaşı çeşidi kuru kayısıların pH ve titrasyon asitliği düzeyinde önemli bir değişim olduğu görülmektedir. Depolama sıcaklığı ve süresine bağlı olarak titrasyon asitliği değerlerinde gözlemlenen artış; iki muhtemel mekanizma ile açıklanabilir. Özellikle 30°C'de pektinin hidrolizi ile oluşan galaktronik asit titrasyon asitliğinin yükselmesine neden olabileceği gibi, SO_2'in ortamda bulunan su ile reaksiyona girerek sülfüroz asidin (H_2SO_3) oluşmasına ve böylece titrasyon asitliğinin artmasına neden olabileceği düşünülmektedir.

Çizelge 4.15 Geleneksel yöntemle kükürtlenen Kabaaşı çeşidi kuru kayısıların farklı sıcaklıklarda 12 ay depolanması süresince pH ve titrasyon asitliğindeki değişimler

Sıcaklık (°C)	Süre (ay)	pH	Titrasyon asitliği (g/100 g kuru ağırlık)
5	0	3.81	2.04
	2	3.83	2.29
	4	3.83	2.25
	6	3.85	2.40
	8	3.81	2.35
	12	3.98	2.27
20	0	3.81	2.04
	2	3.80	2.26
	4	3.82	2.39
	6	3.85	2.13
	8	3.78	2.22
	12	3.90	2.47
30	0	3.81	2.04
	2	3.78	2.59
	4	3.84	2.58
	6	3.82	2.45
	8	3.81	2.53
	12	3.83	2.44

5. SONUÇ

Ülkemiz dış ticareti açısından önemli ekonomik değeri olan kayısı, yoğun olarak Malatya yöresinde üretilmekte ve kurutulmaktadır. Ancak kayısılar genelde aşırı kükürtlenmekte ve bu nedenle de sonradan kükürdün uzaklaştırılması yoluna gidilmektedir. Bunun yerine bu çalışmada kayısılar yönetmeliklerde izin verilen oranlarda kükürtlenmiş ve depolama süresince hem SO_2 düzeyindeki azalma hem de kuru kayısıların ticaretinde en önemli kalite kriteri olan rengindeki değişimler incelenmiştir. Periyodik olarak alınan örneklerde yapılan analizler yardımıyla kurutulmuş kayısıların depolanma stabilitesi belirlenmiştir. Bu çalışmadan elde edilen sonuçlar, aşağıda özetlenmiştir.

1) Depolama sıcaklığı ve süresine bağlı olarak, kuru kayısıların nem miktarlarında belirgin azalmalar olduğu saptanmıştır. Özellikle 30°C'de depolanan kayısılarda, önemli düzeyde nem kaybı gözlenmiştir. Tüm depolama sıcaklıkları dikkate alındığında, nemde en fazla kayıp $Na_2S_2O_5$ çözeltisine daldırılarak kükürtlenen örneklerde saptanmıştır.

2) Gerek kükürtleme yöntemleri gerekse kayısı çeşitleri arasında depolama süresince nem düzeyindeki azalmalar arasında tutarlı bir ilişki saptanamamıştır.

3) Depolama sıcaklık ve süresine bağlı olarak kuru kayısıların su aktivitesi (a_w) değerlerinde azalma gözlenmiştir. Araştırmamızda kullanılan örneklerin a_w değerleri, depolama süresince esmerleşmenin yoğun olarak görüldüğü sınırların da altına düşmüştür.

Özellikle 30°C'de depolanan kuru kayısı örneklerinde meydana gelen yoğun esmerleşmenin, a_w değerlerinin belirtilen bu aralığa hızla düşmesinin yanında, depolama süresince esmerleşmeyi önleyen SO_2'in kaybından da kaynaklandığı düşünülmektedir.

4) Kayısı çeşitleri kıyaslandığında, Hacıhaliloğlu çeşidi kayısıların depolama süresince a_w değerlerinde daha fazla azalma saptanmıştır.

5) Depolama sıcaklığı yükseldikçe, kuru kayısılardan SO_2 kaybının arttığı görülmüştür. Hacıhaliloğlu ve Kabaaşı kuru kayısı çeşitlerinin SO_2 miktarındaki en önemli azalışın, 30°C'de depolanan örneklerde olduğu saptanmıştır. SO_2'nin kayısılarda kullanılmasındaki başlıca amaç; en önemli kalite kriteri olan altın sarısı rengin korunması ve mikrobiyolojik stabilitenin sağlanmasıdır. Öyleyse, kuru kayısılardan SO_2 kaybının en aza indirilmesi ile kalitenin uzun süre korunabileceği açıktır. İşte bu nedenlerle, kuru kayısıların depolanması süresince depolama sıcaklığı 20°C'den düşük sıcaklıklarda, tercihen 5°C olmalıdır.

6) Kükürtleme yöntemleri açısından incelendiğinde; kuru kayısıların SO_2 miktarındaki en önemli azalış, $Na_2S_2O_5$ çözeltisine daldırılarak kükürtlenen kayısılarda gözlemlenmiştir.

7) Kayısı çeşitleri açısından SO_2 kaybı incelendiğinde, depolama süresince Hacıhaliloğlu çeşidinin Kabaaşı çeşidine göre daha fazla SO_2 kaybına uğradığı belirlenmiştir.

8) Depolama sıcaklığı yükseldikçe, kuru kayısıların esmerleşme düzeyinin arttığı görülmüştür. Kuru kayısıların depolanması süresince esmer renk oluşumunda 5°C'de depolanan örneklerde önemli bir artış görülmezken, 20°C'de rengin kabul edilebilir düzeyde korunabildiği belirlenmiştir. 30°C'de depolanan örneklerde ise; renk kısa sürede (2–4 ay), kabul edilemez düzeye ulaşmıştır. 12 ay depolama sonucunda oluşan esmer pigment miktarı, bu süre sonunda uzaklaşan SO_2 miktarıyla orantılıdır. Bu nedenle, her üç yöntemle kükürtlenen kuru kayısıların da 20°C ve altındaki sıcaklıklarda depolanması önerilmektedir.

9) Kükürtleme yöntemlerinin, esmerleşme düzeyi açısından önemli bir fark oluşturmadığı gözlenmiştir. Ancak; her iki kayısı çeşidinde de özellikle 30°C'de depolanan, sodyum metabisülfit ($Na_2S_2O_5$) yöntemi ile kükürtlenmiş kayısılarda önemli miktarda esmerleşme gözlenmiştir.

10) Farklı yöntemlerle kükürtlenerek kurutulan Hacıhaliloğlu ve Kabaaşı çeşidi kayısıların renklerinde, 5°C ve 20°C'de depolama süresince önemli bir değişiklik saptanmazken; 30°C'de depolanan kayısı örneklerinin renk değerlerinde önemli farklar gözlemlenmiştir. 30°C'de 12 ay depolama sonunda tüm renk değerleri önemli düzeyde düşmüş ve örnekler incelendiğinde; rengin kabul edilemez bir nitelik kazandığı, çıplak gözle bile kolaylıkla fark edilebilmiştir. Bu durum, 30°C'de depolamanın daha 2. ayında bile kendisini göstermiştir. Bu nedenle, sadece yaz aylarında kuru kayısıların 20°C'nin altındaki, tercihen 5°C sıcaklıktaki, soğuk hava depolarında muhafaza edilmesi durumunda bile, kuru kayısıların altın sarısı renklerinin uzun süre korunması mümkün olabilecektir.

11) Renk değerlerinin değişiminde kükürtleme yöntemlerinin çok etkin olmadığı saptanmıştır.

12) Kayısı çeşitleri açısından reflektans renk değerlerindeki değişim incelendiğinde ise, genel olarak; depolama süresince Kabaaşı çeşidindeki değişimin Hacıhaliloğlu çeşidine göre daha fazla olduğu belirlenmiştir. Ayrıca; Kabaaşı çeşidi kuru kayısılarda renk değişiminin homojen gerçekleşmediği, örneklerin renklerinin açıklı koyulu olduğu saptanmıştır.

13) 5°C ve 20°C'de depolanan Hacıhaliloğlu ve Kabaaşı çeşidi kuru kayısılarda, 12 aylık depolama süresi sonunda HMF belirlenemezken; 30°C'de depolama sonucunda geleneksel yöntemle ve tüpte sıvılaştırılmış SO_2 gazı ile kükürtlenen örneklerde, düşük miktarda da olsa HMF belirlenmiştir. Her iki çeşitte de $Na_2S_2O_5$ çözeltisine daldırılarak kükürtlenen örneklerde, HMF'nin belirlenememiş olması dikkat çekicidir. Depolama süresince en fazla esmerleşme değerlerine sahip olan ve renkleri en fazla değişen örnekler, $Na_2S_2O_5$ çözeltisine daldırılarak kükürtlenen kayısılara aittir. Buna rağmen; HMF oluşumunun saptanamamasının nedeninin, HMF'nin esmerleşme reaksiyonları sonucunda oluşan bir ara ürün olması ve depolama süresince sıcaklığa bağlı olarak daha ileri aşamalardaki ürünlere dönüşmesi olduğu düşünülmektedir.

14) Kayısı çeşitleri açısından HMF düzeyindeki artış incelendiğinde ise, depolama süresince Kabaaşı çeşidinde Hacıhaliloğlu çeşidine göre daha fazla HMF oluştuğu belirlenmiştir.

15) Kuru kayısıdaki karotenoidlerin HPLC analizi sonucunda elde edilen kromatogramlarında belirlenen piklerden, kuru kayısıdaki başat karotenoidin β-karoten olduğu görülmüştür. Kuru kayısıdaki β-karoten içeriği üzerine, depolama sıcaklığının sınırlı düzeyde bir etkisinin olduğu, buna karşın; parçalanmasına neden olan asıl etkinin depolama süresi olduğu ortaya konulmuştur. Ezme haline getirildikten sonra cam kavanozlarda saklanan örneklerdeki β-karoten içeriğinde, örneklerin depolama süresince (12 ay) maruz kaldığı ışık ve oksijenin etkisiyle azalma olduğu düşünülmektedir.

16) Gerek kükürtleme yönteminin gerekse kayısı çeşidinin, β-karoten kaybına belirgin bir etkisinin olmadığı belirlenmiştir.

17) 12 ay süreyle depolanan Hacıhaliloğlu ve Kabaaşı çeşidi kuru kayısıların pH ve titrasyon asitliği düzeyinde önemli bir değişim olduğu görülmüştür. Depolama sıcaklığı ve süresine bağlı olarak titrasyon asitliği değerlerinde gözlemlenen artış; iki muhtemel mekanizma ile açıklanabilir. Özellikle 30°C'de pektinin hidrolizi ile oluşan galaktronik asit titrasyon asitliğinin yükselmesine neden olabileceği gibi, SO_2'in ortamda bulunan su ile reaksiyona girerek sülfüroz asidin (H_2SO_3) oluşmasına ve böylece titrasyon asitliğinin artmasına neden olabileceği düşünülmektedir.

KAYNAKLAR

Abdelhaq, E.H. and Labuza, T.P. 1987. Air drying characteristics of apricots. Journal of Food Science, 52, 342-345.

Abdullah, M.Z., Guan, L.C., Lim, K.C. and Karim, A.A. 2001. The applications of computer vision system and tomographic radar imaging for assessing physical properties of food. Journal of Food Engineering, 61, 125-135.

Aguilera, J.M., Oppermann, K. and Sanchez, F. 1987. Kinetics of browning of Sultana grapes. Journal of Food Science, 52, 990-993, 1025.

Alcazar, A., Jurado, J.M., Pablos,F., Gonzalez,A.G. and Martin, M.J. 2006. HPLC determination of 2-furaldehyde and 5-hydroxymethyl-2-furaldehyde in alcoholic beverages. Microchemical Journal, 82, 22–28.

Ameny, M.A. and Wilson, P.W. 1997. Relationship between Hunter color values and β-carotene contents in white-fleshed African sweetpotatoes (*Ipomoea batatas Lam.*). Journal of the Science of Food and Agriculture, 73, 301-306.

Anonim 1997. Türk Gıda Kodeksi Yönetmeliği. T.C. Resmi Gazete, sayı: 23172. Başbakanlık Yayınevi. Başbakanlık Mevzuat, Geliştirme ve Yayın Genel Müdürlüğü. 224 s., Ankara.

Anonim. 2004. Malatya Tarım İl Müdürlüğü Kayısı Raporu, Malatya.

Anonim 2008. TS 485. Kuru kayısı standardı, Türk Standartları Enstitüsü, 13 s., Ankara.

Anonymous 1981.Codex Alimentarius Commission. Codex standart for dried apricots. Codex Stan 130-1981, 5 p., http://www.codexalimentarius.net Erişim Tarihi:15.12.2008.

Anonymous 1989. Codex Alimentarius Commission. Food Additives Joint FAO/WHO Food Standards Programme, Rome, Italy

Anonymous 1994. Precise color communication, instructional manual. Minolta Laboratories. 49 p., Osaka, Japan.

A.O.A.C. 2000. Official Methods of Analysis. 17th ed., Association of Official Analytical Chemists, Gaithersburg, MD.

Asma, B.M. 2000. *Kayısı Yetiştiriciliği.* Evin Ofset Matbaası, 243 s., Malatya.

Asma, B.M. ve Birhanlı, O. 2004. *Mişmiş.* Evin Ofset Matbaası, 220 s., Malatya.

Asma, B.M., Gültek, A., Kan, T. ve Birhanlı, O. 2005. *Kayısıda Kükürt Sorunu.* Öz Gayret Ofset. 108 s., Malatya.

Asma, B.M. 2007. Malatya: World's capital of Apricot Culture. Chronica Horticulturae. 47(1), 20-24.

Baloch, A.K., Buckle, K.A. and Edwards, R.A. 1973. Measurement of non-enzymatic browning of dehydrated carrot. Journal of the Science of Food and Agriculture, 24, 389-398.

Brekke, J.E. and Nury, F.S. 1964. Fruits. *In Food Dehidration,* W.B.V. Arsdel and M.J. Copley (Eds.), Vol. II, AVI Publishing Co., Westport, CT.

Cemeroğlu, B. ve Özkan, M. 2004. Kurutma teknolojisi. *Meyve ve Sebze İşleme Teknolojisi*, B. Cemeroğlu (ed), Başkent Klişe Matbaacılık, s. 479-618, Ankara.

Cemeroğlu, B. 2007. Gıda analizlerinde genel yöntemler. *Gıda Analizleri*, Cemeroğlu, B. (ed.), Bizim Büro Basımevi, s. 45-128, Ankara.

Davis, E.G., McBean, D.McG., Rooney, M.L. and Gipps, P.G. 1973. Mechanisms of sulphur dioxide loss from dried fruits in flexible films. Journal of Food Technology, 8, 391-405.

Del Caro, A., Piga, A., Pinna, I., Fenu, P.M. and Agabbio, M. 2004. Effect of drying conditions and storage period on polyphenolic content, antioxidant capacity, and ascorbic acid of prunes. Journal of Agricultural and Food Chemistry, 52(15), 4780-4784.

Donovan, J.L., Meyer, A.S. and Waterhouse, A.L. 1998. Phenolic composition and antioxidant activity of prunes and prune juice (*Prunus domestica*). Journal of Agricultural and Food Chemistry, 46(2), 1247-1252.

FAO. Web sitesi: http://www.fao.org. Erişim Tarihi: 26.11.2009.

Franzke, C.L., Grunert, K.S., Glowacz, S. und Kutschan, R. 1968. Zur Bestimmung geringer Mengen schefliger Saure in Lebensmitteln. Zeitschrift für Lebensmittel-Untersuchung und-Forschung, 160, 13-20

Gökçe K. 1966. Malatya kayısılarının kükürtlenmeleri üzerine teknik çalışmalar. Ankara Üniversitesi Ziraat Fakültesi Yayınları, No: 261, 87 s., Ankara.

Haisman, D.R. 1974. The effect of sulphur dioxide oxidizing enzyme systems in plant tissues. Journal of the Science of Food and Agriculture, 25, 803-810.

Isaac, A., Livingstone C., Wain, A.J., Compton, R.G. and Davis J. 2006. Electroanalytical methods for the determination of sulfite in food and beverages. Analytical Chemistry, 25(6), 589-598.

Janzowski, C., Glaab, V., Samimi, E., Schlatter, J. and Eisenbrand, G. 2000. 5-Hydroxymethylfurfural assesment of mutagenicity DNA-damaging potential and reactivity towards cellular glutathione. Food and Chemical Toxicology, 38, 801-809.

Joslyn, M.A. and Braverman, J.B.S. 1954. The chemistry and technology of the pretreatment and preservation of fruit and vegetable products with sulphur dioxide and sulfites. Advances in Food Research, 5, 97-160.

Joubert, E., Wium, G.L. and Sadie, A. 2001. Effect of temperature and fruit-moisture content on discolouration of dried, sulphured Bon Chretien pears during storage. International Journal of Food Science and Technology, 36, 99-105.

Sass-Kiss, A., Kiss, J., Milotay, P., Kerek, M.M. and Toth-Markus, M. 2005. Differences in anthocyanin and carotenoid content of fruits and vegetables. Food Research International, 38, 1023-1029.

Köksel, H. 1998. Karbonhidratlar. *Gıda Kimyası*. Saldamlı, İ. (ed.), Hacettepe Üniversitesi Basımevi, 527 s., Ankara.

Kuş, S., Goğüş, F. and Eren, S. 2005. Hydroxymethyl furfural content of concentrated food products. International Journal of Food Properties, 8, 367-375.

Lee, C.M., Lee, T. and Chichester, C.O. 1979. Kinetics of the production of biologically active maillard browned products in apricot and glucose –L-Tryptophan, Journal of Food Science, 27(3), 478-482.

Lee, H.S. and Nagy, S. 1988. Quality changes and nonenzymatic browning intermediates in grapefruit juice during storage. Journal of Food Science, 53, 168-180.

Lindsay, R.C. 1985. Flavors. *In Food Chemistry,* Fennema, O.R. (ed.), 2nd ed., Marcel Dekker, 991 p., New York.

McBean, D.McG., Johnson, A.A. and Pitt, J.I. 1964. The absorbtion of sulfur dioxide by fruit tissue. Journal of Food Science, 29, 257-265.

Mendoza, F., Dejmek, P. and Aquilera, J.M. 2006. Calibrated color measurements of agricultural foods using image analysis. Postharvest Biology and Technology, 41, 285-295.

Murkovic, M., and Pichler, N. 2006. Analysis of 5-hydroxymethylfurfual in coffee, dried fruits and urine. Molecular Nutrition and Food Research, 50(9), 842-846.

Nielsen, S.S., Marcy, J.E. and Sadler, G.D. 1993. Chemistry of aseptically processed foods. *In Principles of Aseptic Processing and Packaging*, Chambers, J.V. and Nelson, P.E. (eds.), 2nd ed., Food Processors Institute, 257 p., Washington, DC.

Ough, C.S. and Were, L. 2005. Sulfur dioxide and sulfites. *Antimicrobials in Foods*, Davidson, P.M., Sofos, J.N. and Branen, A.L. (eds.), Taylor&Francis Publication Co., pp. 143-167, Boca Raton, FL.

Özden, 2008. Kuru Kayısı, *Sektör Raporu*. İhracatı Geliştirme Etüd Merkezi 5 s., Ankara.

Özkan, M. 1996. Gıdalarda sülfit uygulamaları. Seminer. Ankara Üniversitesi, 20 s., Ankara.

Özkan, M. ve Cemeroğlu, B. 1996. Gıdalarda sülfit uygulamaları. Gıda Teknolojisi Dergisi, 1(9), 46-52.

Özkan, M. ve Cemeroğlu, B. 1997. Karotenoidler: Özellikleri ve gıdalarda uygulamaları. Gıda Teknolojisi Dergisi, 2(11), 34-44.

Özkan, M. 2001. Kuru kayısılardan kükürt dioksitin uzaklaştırılma yöntemleri üzerinde araştırma. Doktora tezi (basılmamış). Ankara Üniversitesi, 113 s., Ankara.

Özkan, M. and Cemeroğlu, B. 2002a. Desulfiting dried apricots by hydrogen peroxide. Journal of Food Science, 67(5), 1631-1635.

Özkan, M. and Cemeroğlu, B. 2002b. Desulfiting dried apricots by hot air flow. Journal of the Science of Food and Agriculture, 82(15), 1823-1828.

Özkan, M., Kırca, A. and Cemeroğlu, B. 2003. Effect of moisture content on CIE color values in dried apricots. European Food Research and Technology, 216(3), 217-219.

Ramakrishnan, T.V. and Francis, F.J. 1973. Color and carotenoid changes in heated paprika. Journal of Food Science, 38, 25-28.

Rattanathanalerk, M., Chiewchan, N. and Srichumpoung, W. 2005. Effect of thermal processing on the quality loss of pineapple juice. Journal of Food Engineering, 66, 259-265.

Roberts, A.C. and McWeeny, D.J. 1972. The uses of sulphur dioxide in the food industry. Journal of Food Technology, 7, 221-238.

Rodriguez-Amaya, D.B. 1993. Nature and distribution of carotenoids in foods. In *Shelflife Studies of Foods and Beverages. Chemical, Biological, Physical and Nutritional Aspects*, Charalambous, G. (ed.), Elsevier Science Publishers, 547-589, Amsterdam, The Netherlands.

Rodriguez-Amaya, D.B. 2001. *A Guide to Carotenoid Analysis In Foods*. ILSI Press, Washington, DC.

Sadler, G., Davis, J. and Dezman, D. 1990. Rapid extraction of lycopene and β-carotene from reconstituted tomato paste and pink grapefruit homogenates. Journal of Food Science, 55(5), 1460-1461.

Sağırlı, F. 2006. Orta nemli kayısıların depolanma stabilitesi. Yüksek lisans tezi (basılmamış), Ankara Üniversitesi, 80 s., Ankara

Sağırlı, F., Tağı, Ş., Özkan, M. and Yemiş, O. 2008. Chemical and microbial stability of high moisture dried apricots during storage. Journal of the Science of Food and Agriculture, 88, 858–869.

Sant'ana, H.M.P., Stringheta, P.C., Brandao, S.C.C. and Azeredo, R.M.C. 1998. Carotenoid retention and vitamin A value in carrot (*Daucus carota L.*) prepared by food service. Journal of Food Chemistry, 61, 145-151.

Sanz, M., Castillo, M., Corzo, N., and Olano, A. 2001. Formation of Amadori compounds in dehydrated fruits. Journal of Agricultural and Food Chemistry, 49, 5228-5231.

Sapers, G.M. and Douglas, Jr.F.W. 1987. Measurement of enzymatic browning at cut surfaces and in juice of raw apple and pear fruits. Journal of Food Science, 52, 1258-1285.

Segnini, S., Dejmek, P. and Oste, R. 1999. A low cost video technique for color measurement of potato chips. Lebensmittel.-Wissenschaft und Technology, 32, 216-222.

Singh, R.K., Lund, D.B. and Buelow, F.H. 1983. Storage stability of intermediate moisture apples: Kinetics of quality change. Journal of Food Science, 48, 939-944.

Stadtman, E.R., Barker, H.A., Haas, V. and Mrak, E.M. 1946. Storage of dried fruit: Influence of temperature on deterioration of apricots. Industrial and Engineering Chemistry, 38, 541-543.

Stafford, A.E., and Bolin, H.R., 1972. Absorbtion of aqueous bisulfite by apricots. Journal of Food Science, 37, 941-943.

Taylor, S.L., Higley, N.A. and Bush, R.K. 1986. Sulfites in foods: Uses, analytical methods, residues, fate, exposure assessment, metabolism, toxicity and hipersensitivity. Advances in Food Research, 30, 1-76.

Toribio, J.L., Nunes, R.V. and Lozano, E. 1984. Influence of water activity on the nonenzymatic browning of apple juice concentrate storage. Journal of Food Science, 49, 1630-1631.

Ulbrich, R.J., Northup, S.J. and Thomas, J.A. 1984. A rewiew of 5-hydroxymethylfurfural (HMF) in parenteral solutions. Fundamental and Applied Toxicology, 4, 843-853.

Vinson, J.A, Zubik, L., Bose, P., Samman, N. and Proch, J. 2005. Dried fruits: Excellent *in Vitro* and *in Vivo* antioxidants. Journal of the American College of Nutrition, 24, 44-50.

Wedzicha, B.L. 1987. Review: Chemistry of sulphur dioxide in vegetable dehydration. International Journal of Food Science and Technology, 22, 433-450.

Whistler, R.L. and Daniel, J.R. 1985. Carbonhydrates. In Food Chemistry, O.R. Fennema, (ed.), 2nd ed., Marcel Decker Inc., New York, NY, USA.

Yemenicioğlu, A., Özkan, M. and Cemeroğlu, B. 1997. Heat inactivation kinetics of apple polyphenol oxidase and activation of its latent form. Journal of Food Science, 62, 508-510.

Zappala, M., Fallico, B., Arena, E. and Verzera, A. 2005. Methods for the determination of HMF in honey: A comparison. Food Control, 16, 273-277.

Zhao, B., Clifford, C.A and Hall III,. 2008. Composition and antioxidant activity of raisin extracts obtained from various solvents. Food Chemistry, 108, 511-518.

EKLER

EK 1 Farklı yöntemlerle kükürtlenmiş kayısıların depolama süresince nem düzeylerindeki azalmalar

EK 2 Farklı yöntemlerle kükürtlenmiş kayısıların depolama süresince su aktivitesi değerleri

EK 3 Farklı yöntemlerle kükürtlenmiş kuru kayısıların depolama süresince SO_2 miktarlarındaki azalma

EK 4 Farklı yöntemlerle kükürtlenen kuru kayısıların farklı sıcaklıklarda 12 ay depolanması süresince oluşan SO_2 kaybına ilişkin Arrhenius grafiği için gerekli veriler

EK 5 SO_2 kaybına ilişkin reaksiyona ait Arrhenius grafikleri

EK 6 Farklı yöntemlerle kükürtlenen kuru kayısıların depolama süresince esmerleşme değerlerindeki değişim

EK 7 Depolama süresince reflektans renk değerlerindeki değişim

EK 8 Farklı yöntemlerle kükürtlenmiş kayısıların depolama süresince pH ve titrasyon asitliği değerleri

EK 1 FARKLI YÖNTEMLERLE KÜKÜRTLENMIŞ KAYISILARIN DEPOLAMA SÜRESINCE NEM DÜZEYLERINDEKI AZALMALAR

A) Hacıhaliloğlu çeşidi

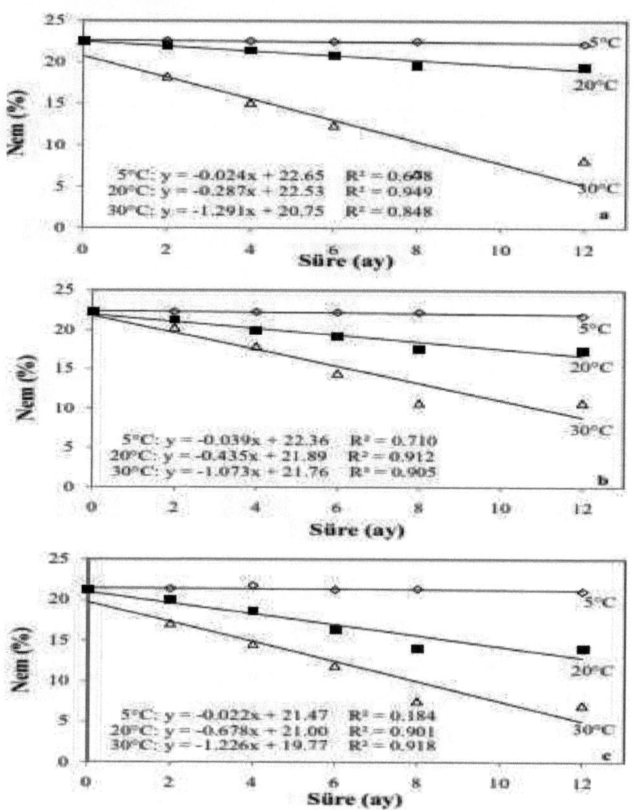

A: Geleneksel **B**: Tüpte sıvılaştırılmış SO_2 gazı **C**: $Na_2S_2O_5$ çözeltisi

EK 1 FARKLI YÖNTEMLERLE KÜKÜRTLENMIŞ KAYISILARIN DEPOLAMA SÜRESINCE NEM DÜZEYLERINDEKI AZALMALAR (devam)

B) Kabaaşı çeşidi

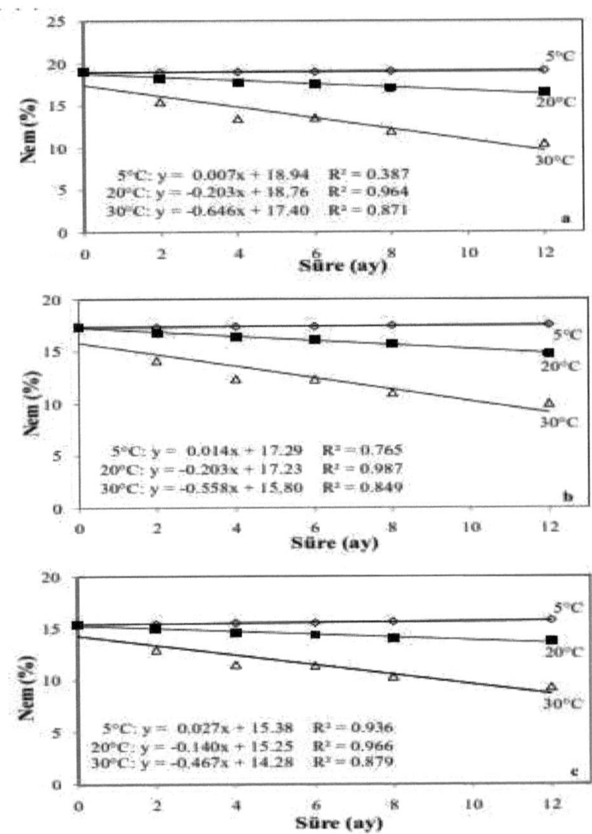

A: Geleneksel **B**: Tüpte sıvılaştırılmış SO_2 gazı **C**: $Na_2S_2O_5$ çözeltisi

EK 2 FARKLI YÖNTEMLERLE KÜKÜRTLENMIŞ KAYISILARIN DEPOLAMA SÜRESINCE SU AKTİVİTESİ DEĞERLERI

A) Hacıhaliloğlu çeşidi

Kükürtleme yöntemi	Sıcaklık (°C)	Süre (ay)	a_w
Geleneksel	5	0	0.69
		2	0.68
		4	0.68
		6	0.67
		8	0.67
		12	0.67
	20	0	0.69
		2	0.68
		4	0.68
		6	0.66
		8	0.66
		12	0.67
	30	0	0.69
		2	0.66
		4	0.64
		6	0.61
		8	0.57
		12	0.45
Tüpte sıvılaştırılmış SO_2 gazı	5	0	0.68
		2	0.69
		4	0.69
		6	0.69
		8	0.69
		12	0.67
	20	0	0.68
		2	0.69
		4	0.68
		6	0.68
		8	0.66
		12	0.65
	30	0	0.68
		2	0.66
		4	0.64
		6	0.58
		8	0.56
		12	0.49
$Na_2S_2O_5$ çözeltisi	5	0	0.66
		2	0.65
		4	0.66
		6	0.67
		8	0.66
		12	0.66

$Na_2S_2O_5$ çözeltisi	20	0	0.66
		2	0.66
		4	0.65
		6	0.65
		8	0.62
		12	0.63
	30	0	0.66
		2	0.63
		4	0.60
		6	0.57
		8	0.54
		12	0.48

EK 2 FARKLI YÖNTEMLERLE KÜKÜRTLENMIŞ KAYISILARIN DEPOLAMA SÜRESINCE SU AKTİVİTESİ DEĞERLERI (devam)

B) Kabaaşı çeşidi

Kükürtleme yöntemi	Sıcaklık (°C)	Süre (ay)	a_w
Geleneksel	5	0	0.62
		2	0.62
		4	0.62
		6	0.63
		8	0.62
		12	0.60
	20	0	0.62
		2	0.62
		4	0.61
		6	0.60
		8	0.60
		12	0.58
	30	0	0.62
		2	0.60
		4	0.54
		6	0.53
		8	0.50
		12	0.48
Tüpte sıvılaştırılmış SO_2 gazı	5	0	0.60
		2	0.60
		4	0.60
		6	0.60
		8	0.60
		12	0.60
	20	0	0.60
		2	0.60
		4	0.58

Tüpte sıvılaştırılmış SO_2 gazı		6	0.58
		8	0.57
		12	0.54
	30	0	0.60
		2	0.58
		4	0.54
		6	0.47
		8	0.49
		12	0.47
$Na_2S_2O_5$ çözeltisi	5	0	0.56
		2	0.56
		4	0.56
		6	0.55
		8	0.56
		12	0.56
	20	0	0.56
		2	0.56
		4	0.54
		6	0.53
		8	0.54
		12	0.52
	30	0	0.56
		2	0.54
		4	0.51
		6	0.47
		8	0.46
		12	0.43

EK 3 FARKLI YÖNTEMLERLE KÜKÜRTLENEN KURU KAYISILARIN DEPOLAMA SÜRESINCE SO_2 MIKTARLARINDAKI AZALMA

A) Hacıhaliloğlu çeşidi

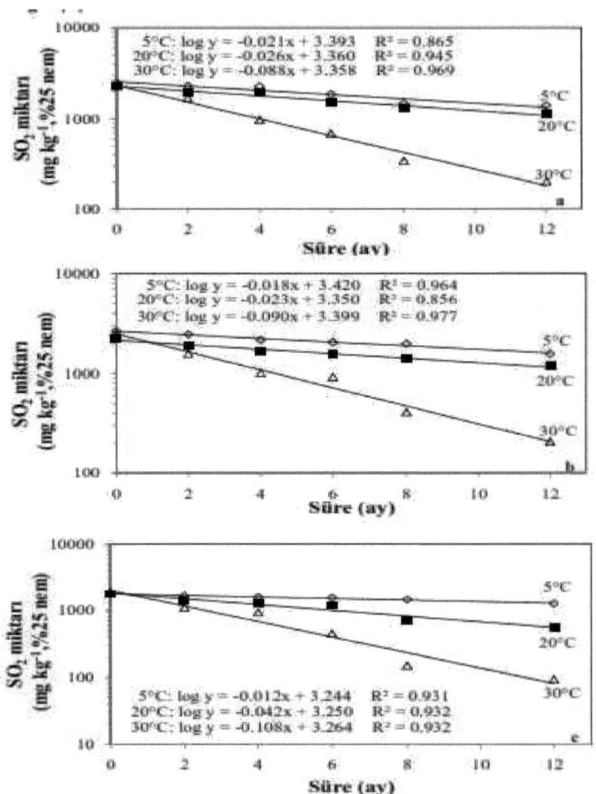

A: Geleneksel **B**: Tüpte sıvılaştırılmış SO_2 gazı **C**: $Na_2S_2O_5$ çözeltisi

EK 3 FARKLI YÖNTEMLERLE KÜKÜRTLENEN KURU KAYISILARIN DEPOLAMA SÜRESINCE SO_2 MIKTARLARINDAKI AZALMA (devam)

B) Kabaaşı çeşidi

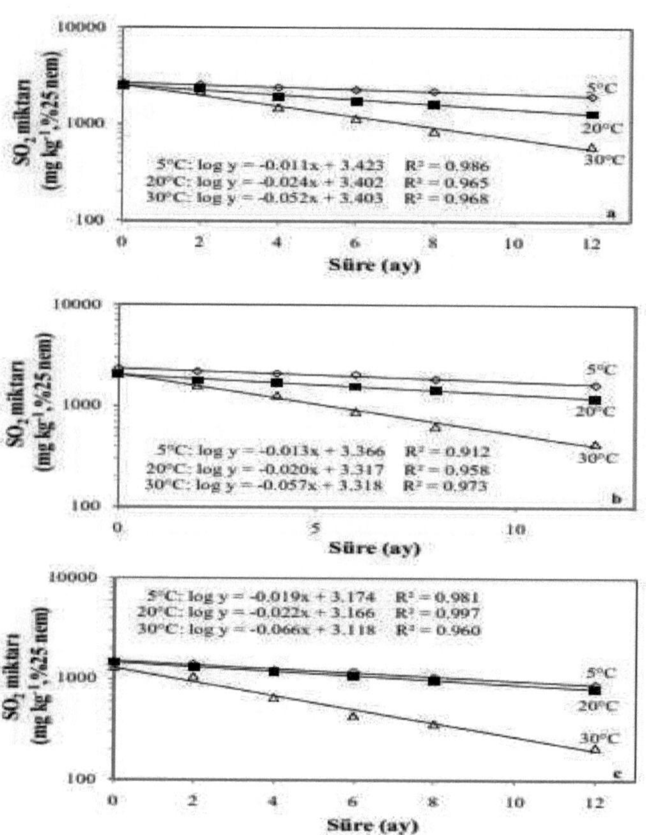

A: Geleneksel **B**: Tüpte sıvılaştırılmış SO_2 gazı **C**: $Na_2S_2O_5$ çözeltisi

EK 4 FARKLI YÖNTEMLERLE KÜKÜRTLENEN KURU KAYISILARIN FARKLI SICAKLIKLARDA 12 AY DEPOLANMASI SÜRESİNCE OLUŞAN SO_2 KAYBINA İLİŞKİN ARRHENİUS GRAFİĞİ İÇİN GEREKLİ VERİLER

A) Hacıhaliloğlu çeşidi

	Sıcaklık		k	- ln k	1/T x 10^3
Kükürtleme yöntemi	(°C)	(K)	(ay^{-1})		(K)
Geleneksel	5	278	0.0484	3.0283	3.60
	20	293	0.0599	2.8151	3.41
	30	303	0.2027	1.5960	3.30
Tüpte sıvılaştırılmış SO_2 gazı	5	278	0.0415	3.1821	3.60
	20	293	0.0530	2.9375	3.41
	30	303	0.2073	1.5736	3.30
$Na_2S_2O_5$ çöz. daldırarak	5	278	0.0276	3.5899	3.60
	20	293	0.0967	2.3361	3.41
	30	303	0.2487	1.3915	3.30

B) Kabaaşı çeşidi

	Sıcaklık		k	- ln k	1/T x10^3
Kükürtleme yöntemi	(°C)	(K)	(ay^{-1})		(K)
Geleneksel	5	278	0.0253	3.6770	3.60
	20	293	0.0553	2.8950	3.41
	30	303	0.1198	2.1219	3.30
Tüpte sıvılaştırılmış SO_2 gazı	5	278	0.0299	3.5099	3.60
	20	293	0.0461	3.0769	3.41
	30	303	0.1313	2.0303	3.30
$Na_2S_2O_5$ çöz. daldırarak	5	278	0.0438	3.1281	3.60
	20	293	0.0506	2.9838	3.41
	30	303	0.1520	1.8839	3.30

EK 5 SO_2 KAYBINA ILIŞKIN REAKSIYONA AIT ARRHENIUS GRAFIKLERI

A) Hacıhaliloğlu çeşidi

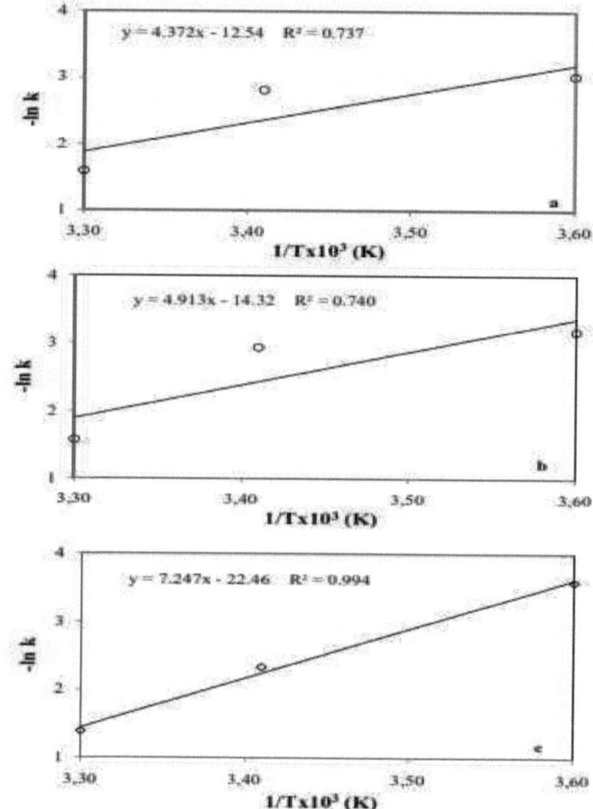

A: Geleneksel **B**: Tüpte sıvılaştırılmış SO_2 gazı **C**: $Na_2S_2O_5$ çözeltisi

EK 5 SO_2 KAYBINA ILIŞKIN REAKSIYONA AIT ARRHENIUS GRAFIKLERI (devam)

B) Kabaaşı çeşidi

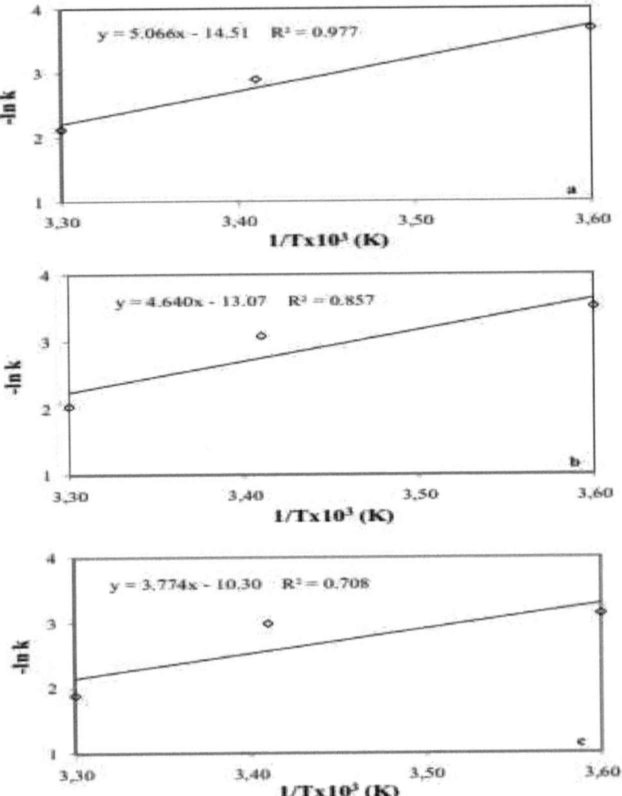

A: Geleneksel **B**: Tüpte sıvılaştırılmış SO_2 gazı **C**: $Na_2S_2O_5$ çözeltisi

EK 6 FARKLI YÖNTEMLERLE KÜKÜRTLENEN KURU KAYISILARIN DEPOLAMA SÜRESINCE ESMERLEŞME DEĞERLERINDEKI DEĞIŞIM

A) Hacıhaliloğlu çeşidi

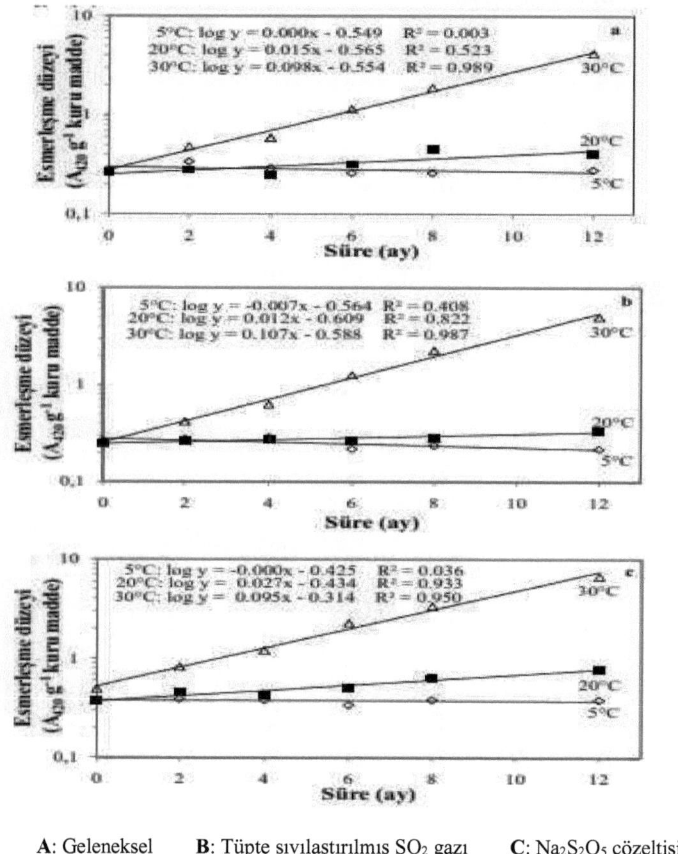

A: Geleneksel **B**: Tüpte sıvılaştırılmış SO_2 gazı **C**: $Na_2S_2O_5$ çözeltisi

EK 6 FARKLI YÖNTEMLERLE KÜKÜRTLENEN KURU KAYISILARIN DEPOLAMA SÜRESINCE ESMERLEŞME DEĞERLERINDEKI DEĞIŞIM (devam)

B) Kabaaşı çeşidi

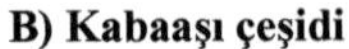

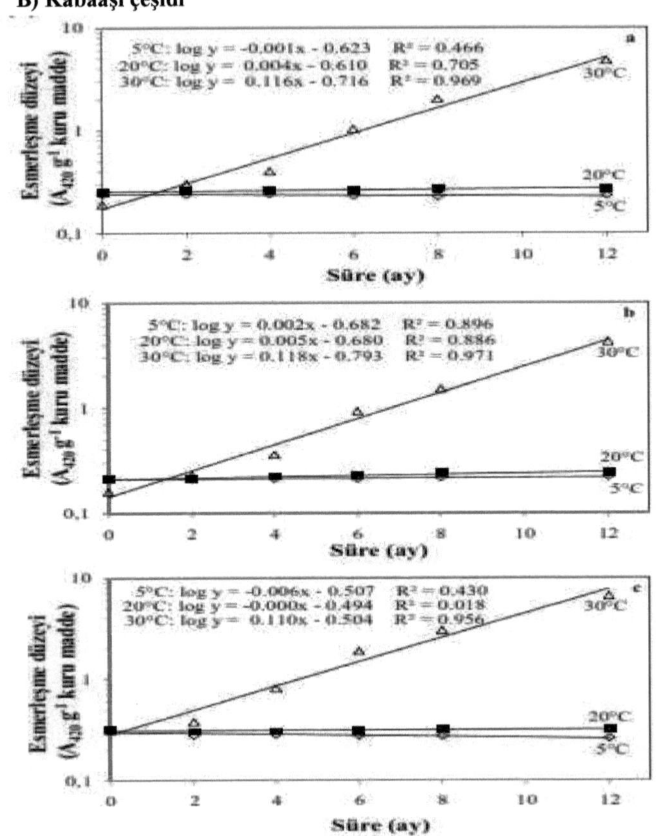

A: Geleneksel **B**: Tüpte sıvılaştırılmış SO_2 gazı **C**: $Na_2S_2O_5$ çözeltisi

EK 7 DEPOLAMA SÜRESİNCE REFLEKTANS RENK DEĞERLERİNDEKİ DEĞİŞİM

A) Hacıhaliloğlu çeşidi

a) Geleneksel yöntem

Sıcaklık (°C)	Süre (ay)	L*	a*	b*	C*	h°
5	0	34.21±3.38[1]	8.06±1.92	18.49±2.22	20.22±2.58	66.67±4.09
	12	37.82±3.01	7.31±2.31	20.07±3.30	21.43±3.65	70.28±4.67
20	0	35.03±3.33	7.44±2.22	18.15±2.34	19.68±2.82	68.05±4.72
	12	33.58±2.64	6.82±1.50	17.11±2.23	18.45±2.47	68.38±3.32
30	0	32.51±2.79	7.48±1.73	18.03±1.80	19.55±2.20	67.68±3.52
	12	27.50±3.07	3.05±1.13	8.36±1.70	8.93±1.88	70.31±5.17

[1]Renk değerleri 20 tekerrürün ortalaması olup. aritmetik ortalama ± standart sapma değerleriyle verilmiştir.

b) Tüpte sıvılaştırılmış SO_2 gazı

Sıcaklık (°C)	Süre (ay)	L*	a*	b*	C*	h°
5	0	33.31±3.25[1]	7.59±1.77	18.21±2.78	19.77±3.02	67.49±3.94
	12	36.65±2.91	7.01±1.73	20.20±2.60	21.43±2.81	70.97±3.68
20	0	33.63±3.18	7.55±1.74	17.52±2.02	19.12±2.30	66.84±4.11
	12	33.92±2.93	6.86±1.47	17.31±2.05	18.67±2.13	68.38±4.16
30	0	33.42±3.68	7.21±2.09	18.62±2.87	20.02±3.26	69.12±4.12
	12	24.62±2.70	1.91±0.82	6.38±1.23	6.69±1.32	73.62±5.61

[1]Renk değerleri 20 tekerrürün ortalaması olup. aritmetik ortalama ± standart sapma değerleriyle verilmiştir.

c) $Na_2S_2O_5$ çözeltisi

Sıcaklık (°C)	Süre (ay)	L*	a*	b*	C*	h°
5	0	36.07±3.18[1]	8.89±2.38	20.47±3.23	22.36±3.76	66.82±3.69
	12	36.94±2.60	8.49±2.10	19.96±2.71	21.73±3.12	67.18±3.89
20	0	34.82±3.59	8.69±2.24	20.28±3.78	22.11±4.12	66.88±4.07
	12	36.09±2.20	7.89±1.77	18.50±2.11	20.15±2.50	67.12±3.37
30	0	35.26±3.84	8.38±2.44	19.77±3.32	21.55±3.68	67.20±5.09
	12	27.55±3.24	3.37±1.39	9.20±2.00	9.84±2.26	70.38±5.24

[1]Renk değerleri 20 tekerrürün ortalaması olup. aritmetik ortalama ± standart sapma değerleriyle verilmiştir.

EK 7 DEPOLAMA SÜRESİNCE REFLEKTANS RENK DEĞERLERİNDEKİ DEĞİŞİM (devam)

B) Kabaaşı çeşidi

a) Geleneksel yöntem

Sıcaklık (°C)	Süre (ay)	L*	a*	b*	C*	h°
5	0	35.87±2.69[1]	4.33±1.55	16.37±3.09	16.97±3.26	75.37±4.00
	12	33.37±3.29	3.90±1.38	17.65±4.02	18.33±3.99	75.51±3.15
20	0	34.73±3.56	4.46±1.31	16.07±2.99	16.73±3.01	74.29±4.27
	12	31.37±3.36	4.29±1.28	13.80±2.14	14.50±2.18	72.71±4.78
30	0	34.33±3.26	5.44±1.20	16.12±2.95	17.03±3.08	71.30±2.75
	12	25.34±3.33	4.08±1.57	9.20±2.44	10.12±2.68	66.32±6.45

[1]Renk değerleri 20 tekerrürün ortalaması olup. aritmetik ortalama ± standart sapma değerleriyle verilmiştir.

b) Tüpte sıvılaştırılmış SO_2 gazı

Sıcaklık (°C)	Süre (ay)	L*	a*	b*	C*	h°
5	0	30.67±3.34[1]	4.48±1.19	13.49±2.47	14.25±2.54	71.55±4.16
	12	28.75±3.28	4.48±0.98	12.93±2.18	13.71±2.23	70.80±3.62
20	0	30.52±3.36	4.79±1.28	14.19±2.75	15.02±2.82	71.28±4.18
	12	26.73±3.60	4.70±0.92	12.42±2.37	13.32±2.31	68.93±4.51
30	0	31.16±3.51	5.36±1.53	14.39±3.14	15.40±3.30	69.59±4.39
	12	22.95±3.13	3.99±1.70	7.88±2.64	8.91±2.92	63.36±7.44

[1]Renk değerleri 20 tekerrürün ortalaması olup. aritmetik ortalama ± standart sapma değerleriyle verilmiştir.

c) $Na_2S_2O_5$ çözeltisi

Sıcaklık (°C)	Süre (ay)	L*	a*	b*	C*	h°
5	0	30.83±2.53[1]	6.51±1.18	15.31±1.91	16.66±2.08	66.99±2.94
	12	28.32±2.88	6.06±1.22	14.36±1.74	15.60±1.99	67.28±2.90
20	0	30.94±2.64	6.29±1.38	15.48±2.60	16.74±2.75	67.88±3.65
	12	27.78±2.51	6.09±1.29	13.62±2.00	14.95±2.15	65.96±4.09
30	0	30.81±2.93	6.53±1.76	15.62±3.41	16.96±3.70	67.39±3.63
	12	24.25±4.09	5.08±2.20	8.70±2.91	10.16±3.41	60.53±8.47

[1]Renk değerleri 20 tekerrürün ortalaması olup. aritmetik ortalama ± standart sapma değerleriyle verilmiştir.

EK 8 FARKLI YÖNTEMLERLE KÜKÜRTLENMIŞ KAYISILARIN DEPOLAMA SÜRESINCE pH VE TITRASYON ASITLIĞI DEĞERLERI

A) Hacıhaliloğlu çeşidi

Kükürtleme yöntemi	Sıcaklık (°C)	Süre (ay)	pH	Titrasyon asitliği (g/100 g kuru ağırlık)
Geleneksel	5	0	4.28	1.73
		2	4.28	1.80
		4	4.24	1.88
		6	4.40	1.36
		8	4.24	1.71
		12	4.15	1.85
	20	0	4.28	1.73
		2	4.24	1.57
		4	4.27	2.04
		6	4.31	1.59
		8	4.25	1.39
		12	4.16	2.05
	30	0	4.28	1.73
		2	4.26	1.71
		4	4.24	1.71
		6	4.24	2.33
		8	4.21	1.64
		12	4.11	2.93
Tüpte sıvılaştırılmış SO_2 gazı	5	0	4.15	1.79
		2	4.17	2.19
		4	4.16	2.01
		6	4.25	1.62
		8	4.13	2.18
		12	4.05	2.24
	20	0	4.15	1.79
		2	4.18	2.06
		4	4.17	1.96
		6	4.17	2.16
		8	4.14	2.21
		12	4.03	2.35
	30	0	4.15	1.79
		2	4.12	2.20
		4	4.15	1.79

Tüpte sıvılaştırılmış SO_2 gazı		6	4.12	2.12
		8	4.11	2.11
		12	3.96	2.72
$Na_2S_2O_5$ çözeltisi	5	0	4.86	1.21
		2	4.83	1.56
		4	4.74	1.63
		6	4.82	1.18
		8	4.76	1.75
		12	4.73	1.58
	20	0	4.86	1.21
		2	4.86	1.48
		4	4.81	1.36
		6	4.87	1.59
		8	4.81	1.60
		12	4.73	1.74
	30	0	4.86	1.21
		2	4.76	1.65
		4	4.79	1.44
		6	4.72	1.98
		8	4.66	1.49
		12	4.56	2.17

EK 8 FARKLI YÖNTEMLERLE KÜKÜRTLENMIŞ KAYISILARIN DEPOLAMA SÜRESINCE pH VE TITRASYON ASITLIĞI DEĞERLERI (devam)

B) Kabaaşı çeşidi

Kükürtleme yöntemi	Sıcaklık (°C)	Süre (ay)	pH	Titrasyon asitliği (g/100 g kuru ağırlık)
Geleneksel	5	0	3.81	2.04
		2	3.83	2.29
		4	3.83	2.25
		6	3.85	2.40
		8	3.81	2.35
		12	3.98	2.27
	20	0	3.81	2.04
		2	3.80	2.36
		4	3.82	2.39
		6	3.85	2.13
		8	3.78	2.22
		12	3.90	2.47
	30	0	3.81	2.04
		2	3.78	2.59
		4	3.84	2.58
		6	3.82	2.45
		8	3.81	2.53
		12	3.83	2.44
Tüpte sıvılaştırılmış SO_2 gazı	5	0	3.77	2.06
		2	3.86	2.00
		4	3.87	2.01
		6	3.86	2.05
		8	3.82	2.12
		12	3.96	2.07
	20	0	3.77	2.06
		2	3.84	1.99
		4	3.87	2.09
		6	3.89	2.00
		8	3.86	2.08
		12	3.94	1.96
	30	0	3.77	2.06
		2	3.83	2.03
		4	3.84	2.02

Tüpte sıvılaştırılmış SO_2 gazı		6	3.86	2.10
		8	3.88	2.08
		12	3.86	2.17
$Na_2S_2O_5$ çözeltisi	5	0	4.60	1.76
		2	4.61	1.68
		4	4.70	1.68
		6	4.65	1.72
		8	4.64	1.74
		12	4.76	1.53
	20	0	4.60	1.76
		2	4.60	1.66
		4	4.66	1.67
		6	4.69	1.67
		8	4.66	1.72
		12	4.72	1.70
	30	0	4.60	1.76
		2	4.56	1.78
		4	4.59	1.79
		6	4.60	1.81
		8	4.60	1.82
		12	4.51	1.86

Printed by Books on Demand GmbH, Norderstedt / Germany